应用型本科系列规划教材

航空保障技术与工程

主　编　余斌高
编　者　郝红武

西北工业大学出版社
西安

【内容简介】 本书分为 6 章,第 1 章介绍航空保障、维修性工程、保障性工程的相关概念;第 2 章介绍保障性要求的制定过程和方法;第 3 章介绍保障方案的内容和制定过程;第 4 章介绍保障资源的确定方法和确定过程;第 5 章介绍保障系统的确定过程;第 6 章介绍民机的适航性要求和审定程序。

本书适合作为高等院校交通运输类、航空维修类相关专业本科学生的教材,也可供航空维修工程技术人员阅读、参考。

图书在版编目(CIP)数据

航空保障技术与工程/余斌高主编 . —西安:西北工业大学出版社,2020.5
ISBN 978 - 7 - 5612 - 7070 - 7

Ⅰ.①航…　Ⅱ.①余…　Ⅲ.①航空器-维修-高等学校-教材　Ⅳ.①V267

中国版本图书馆 CIP 数据核字(2020)第 066562 号

HANGKONG BAOZHANG JISHU YU GONGCHENG
航 空 保 障 技 术 与 工 程

责任编辑:万灵芝		策划编辑:蒋民昌	
责任校对:朱晓娟		装帧设计:李 飞	

出版发行:西北工业大学出版社
通信地址:西安市友谊西路 127 号　　邮编:710072
电　　话:(029)88491757,88493844
网　　址:www.nwpup.com
印　刷　者:陕西向阳印务有限公司
开　　本:787 mm×1 092 mm　　1/16
印　　张:9.5
字　　数:250 千字
版　　次:2020 年 5 月第 1 版　　2020 年 5 月第 1 次印刷
定　　价:30.00 元

前　言

　　为进一步深化应用型本科高等教育的教学水平,促进应用型人才的培养工作,提升学生的实践能力和创新能力,提高应用型本科教材的建设和管理水平,西安航空学院与国内其他高校、科研院所、企业进行了深入探讨和研究,编写了"应用型本科系列规划教材"系列用书,包括《航空保障技术与工程》共计 30 种。本系列教材的出版,将对基于生产实际、符合市场人才的培养工作起到积极的促进作用。

　　20 世纪 70 年代,随着航空装备复杂程度的提高,使用保障费用高和战备完好性差的两大难题越来越凸显出来。20 世纪 80 年代中期,装备的保障性问题引起了普遍的重视,美国军方认识到保障性问题,不仅需要通过分析与设计来解决,而且要从管理入手,综合运用各种工程技术来解决保障问题,于是,提出了"综合后勤保障"的概念,颁布了一系列的指令性文件,对保障性、保障系统及分析方法提出了明确的规定。我国在 20 世纪 80 年代引入了相关概念,逐步形成了"装备综合保障"的相关要求,颁布了一系列的规范和标准,对保障性要求、保障资源的规划、保障方案的制定提出了明确的要求。

　　本书从应用者的角度出发,以保障系统的规划为目标,从保障要求的制定、保障方案的确定方法、保障方案的确定过程,到保障资源的规划方法和过程,再到最终的保障系统的建立过程,系统地介绍了保障系统的建立过程和相关技术,具有较强的应用型特色。此外,本书各部分以相关算例作为参照,可以引导各部分内容的实施过程,具有较强的实践指导意义。

　　本书第 1、2、6 章由郝红武编写,第 3~5 章由余斌高编写。

　　本书是西安航空学院和中国飞行试验研究院合作编写的应用型教材,中国飞行试验研究院相关专业人员对教材内容、教材规划等部分提出了宝贵的指导意见。在编写本书的过程中,参考了相关文献资料,在此向相关作者深表感谢。

　　由于水平有限,书中难免有不足之处,恳请读者批评指正。

编　者

2020 年 1 月

目　　录

第1章 绪 论

　　任何航空装备只要作战使用,就需要保障,保障是保证航空装备遂行任务的措施。保障的范围很广,有作战保障、后勤保障、使用和维修保障等。航空装备建设的保障性系统工程所讨论的保障,是指作战飞机部署到部队使用现场后,对其进行的使用和维修保障。使用与维修工作完成的好坏直接反映了航空装备执行任务的能力,也反映了航空装备的保障能力。保障能力是航空装备战斗力的组成部分,对部队完成作战影响重大。过去,在航空装备研制出来以后,才开始考虑其保障问题,采用这种方式研制出的航空装备,保障与装备脱节,不仅使用与保障费用高、保障困难,而且装备到部队后长期不能形成作战能力,通常称这种装备的保障性差。美国和英国国防部的统计数字表明,美国 1987 年武器装备的使用与保障费用占国防预算的52％,英国 1985 年皇家空军的维修费用占空军军费预算的 40％。当前,国外复杂航空装备的使用与保障费用占装备寿命周期费用的 60％,有的高达 70％～80％,而且这一比例还在不断升高。与此同时,一大批新研航空装备没有达到军方提出的可靠性要求,可靠性是保障性要求的主要内容之一。1985—1990 年和 1996—2000 年的武器系统使用试验数据表明,武器系统满足可靠性要求的百分比从 41％降到了 20％。为了解决以上问题,他们在航空装备采办中,广泛重视装备保障性工作,在装备论证和研制时就提出保障性要求,并贯彻实施直至形成初始保障能力。

　　我国有些航空装备先天不足,配套的保障资源与装备不能同步交付部队,致使航空装备迟迟不能形成作战能力,甚至长期搁置,进而报废。保障性涉及作战任务需求、装备设计和保障资源建设诸多方面,需要建立全系统、全寿命管理体制,从大的方面将航空装备保障体系建设作为装备建设工作的重要组成部分,从型号的立项论证开始就重视航空装备的保障性论证,推行航空装备保障性系统工程,为航空装备迅速形成作战能力提供有效的工程方法。

1.1 保障和保障性

　　在介绍航空装备保障性系统工程的概念之前,本节主要介绍与航空装备保障性系统工程有关的几个基本概念,即装备、保障系统、保障资源、保障体系、装备系统、作战单元、装备体系、保障对象及保障范围等。

1.1.1 装备及装备体系的基本概念

　　(1)装备。装备指的是用以实施和保障作战行动的武器、武器系统和军事技术器材的总称。按照我国的习惯认识,装备主要指武器力量编制内的武器、弹药、车辆、器材、装置等。这里的装备通常不包括人员、保障资源和基础设施,通常是指主要作战装备本身。

(2)保障系统。保障系统是指在寿命周期中为装备使用和维修所研制的全部保障资源的有机组合体。它包括为满足装备任务能力在使用过程和各维修级别中所需要的全部配套资源(硬件、软件)、保障工作程序和人力编配等。它是完成装备保障工作的物质基础。保障系统本身没有作战功能,但它是装备执行任务能力不可缺少的组成部分。只有主装备,而缺乏配套的保障系统,甚至缺乏保障系统中的某一要素,装备也不能很好地执行其规定的作战任务。

(3)保障资源。保障资源是从事保障活动所需人员、设备、设施、技术、方法和资金的统称。技术和方法有规定的途径和层次可称为"程序"。程序包括:做什么工作,什么水平人做,操作的先后顺序,用什么设备和工具手段,时间和工作环境要求。因此,资源不单是人和物。

(4)保障体系。保障体系是指在装备的使用和保障阶段实施保障所需要的组织机构和人员、程序和各类资源及其管理相互作用形成的总体。保障体系所保障的对象是若干装备组成的装备体系,这个装备体系是有既定目标并能独立完成作战任务的整体。保障体系是由不同装备的保障系统所组成的一个更大的保障系统,也就是说某一装备的保障系统是保障体系的组成部分或一个子系统。保障体系与后面提到的装备体系相对应。按照系统的组成原理,保障体系也必须有一个既定的研究范围,即边界条件。

(5)装备系统。装备系统是指装备和与之配套的保障系统所组成的一个系统,主装备与保障系统是一个有机的不可分割的整体。单独的装备是不能执行作战任务的,只有将一定数量的装备与保障系统形成一个作战单元甚至装备体系,才能发挥出应有的作战能力来。

(6)作战单元。作战单元是指由一定数量的装备和与其配套的保障系统组成的能够完成规定作战任务的作战单位。现代战争是联合作战,单独的装备(如一台坦克、一架飞机)很难完成一项作战任务。例如,20余架歼击机可以称为一个作战单元,一个坦克营的30余辆坦克也可以称为一个作战单元,这个作战单元可以完成某一个或多个作战任务。根据作战任务的变化,作战单元的规模也在变化。例如,3架轰炸机就可以完成某一轰炸任务。任务不同,航母群出动的舰艇数量也有所不同。例如,一般性出访可能只需要一艘补给船和一艘护卫舰伴随保障即可;但是在战时,就需要出动由多艘舰艇组成的航母群,甚至几个航母群。作战单元规模变化,保障工作也要随之变化。装备保障问题不能只研究单个装备的保障问题,应该从作战单元研究其保障问题,因为只有这样才能对作战使用有实际意义,才能满足部队作战使用要求。

(7)装备体系。装备体系是联合作战条件下产生的一个概念。所谓装备体系,是由不同装备组成的大系统概念,即系统中的系统或系统族。体系最初是指由各种技术有机组合(包括整合)所形成的作战平台(单元),具备浓厚的技术性。今天,装备体系则是指由人操作的高技术(包含新概念技术)作战单元,有针对性地、目的明确地将人和武器系统组合成一个更加一体化的"大作战系统",如导弹防御系统。这样无缝隙组合的高度合成性质的"大作战系统",既具备整体性,又具备规律性,还具备克制性,更具备发展性,我们简称其为"装备体系"。在联合作战条件下,装备体系的保障问题就更加复杂和突出了,需要建立与之相匹配的保障体系才能发挥装备体系的作战效能。

装备、保障系统、装备系统、作战单元和装备体系之间的关系如图1-1所示。

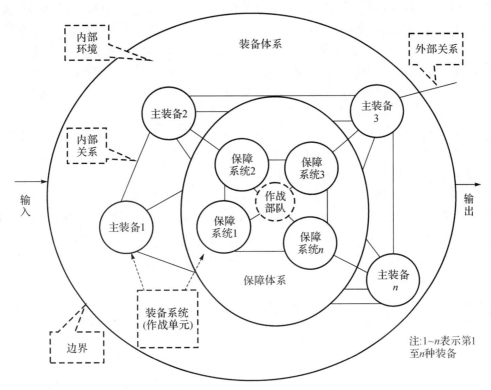

图 1-1 装备、保障系统、装备系统、作战单元和装备体系关系示意图

(8)保障对象。保障对象是指保障所服务的主体,通常是指主装备,如飞机、舰船、坦克等,也可理解为具有作战功能的主体。但因装备功能特点的不同,有的装备不仅要保障主装备,还保障其配套装备或保障装备,即这种配套装备与功能主体不能分离,否则功能不能实现。如导弹部队的导弹系统,其弹体为主装备,在讨论保障系统时还应包括发射装置、运载车辆及检测装置等,但装甲部队的主装备为坦克或战车,其配套装备还包括抢救牵引车辆、工程保障等装备,这些配套装备并不具备作战功能,讨论主装备坦克和保障系统时可以不涉及这些配套装备的保障问题。在联合作战条件下,保障对象可能是一个或多个作战单元,或是专门组成的联合作战体系,这就要根据任务需求而定。

(9)保障范围。保障范围是指在与装备研制时所讨论的保障工作内容,是指装备使用与维修保障工作,主要包括使用(操作)、维护(保养)、修理、动用保障(加注燃料、充电充气、加水、挂弹等)和器材供应、训练保障、保障设施、保障设备、贮存和运输保障等。在型号研制中所研究的装备保障范围通常不包括作战保障与后勤保障(但是油料、弹药、运输例外),但是应当包括训练保障。

为了更好地理解保障性系统工程的概念和内涵,需要介绍两个最基本的概念:保障和保障性。

1.1.2 保障的定义和内涵

按照军语,对保障的定义为:"军队为遂行各种任务而采取的各项保证措施与进行的相应活动的统称。保障是为装备作战服务的,按任务,分为作战保障、后勤保障、技术保障和政治工作保障;按层次,分为战略保障、战役保障和战术保障。"对于航空装备,保障可理解为:为使航空装备完成规定的作战任务而实施的技术和管理活动。从作战使用的角度上讲,航空装备保障包括作战保障、技术保障和后勤保障。作战保障包括测绘保障、气象水文保障、电子对抗保障、工程伪装保障、侦察保障、通信保障等;后勤保障包括医疗保障、卫生保障、运输保障、油料物质保障和生活保障等;技术保障过去称为装备的使用和维修保障,是为了使装备发挥、保持和恢复作战功能而实施的技术和管理活动。这种分类方法是过去的传统分类方法,为了使装备能够形成完整的作战能力,以上作战、后勤和技术各方面的保障缺一不可,必须同步协调地考虑。保障性系统工程所研究的保障是对装备的使用和维修保障,也可以简称为装备保障,它直接关系到装备的研制与保障资源的提供。

国外对航空装备保障考虑的内容有所不同,以美国国防部使用要求文件为例,在该文件的"规划保障"章节中提出了9项内容:①维修规划;②保障设备;③标准化、互用性和通用性;④计算机资源保障;⑤人与系统综合;⑥其它和设施方面的考虑因素;⑦运输和基础设施;⑧大地测量信息和服务;⑨自然环境保障。显然这些内容涉及与航空装备作战所需的多方面的保障问题,除使用与维修保障外,还包括一些有关作战保障、后勤保障等问题,而且随着联合作战模式的发展,这些内容还要发生变化。

在航空装备保障性系统工程的专业子系统工程,航空装备综合保障工程所规定的保障要素包括保障规划、供应保障、保障设备、技术资料、设施、训练保障、人力与人员、计算机资源保障,以及包装、装卸、储存、运输和设计接口等诸多方面。在实际工作中,可根据军方使用部门、研制部门的要求,或按照航空装备联合作战要求,适当扩大航空装备保障考虑的范围,例如有的军兵种将计量保障也作为一个保障要素。

1.1.3 保障性的定义和特点

GJB 451A—2005《可靠性维修性保障性术语》给出的保障性定义是:"系统的设计特性和计划的保障资源满足平时战备完好性及战时利用率要求的能力。"从保障性的定义可以理解保障性的特点如下:

(1)保障性要求追求高的装备执行任务的能力。从保障性所满足的要求可以明确它是使用能力的要求,这种能力可称为执行任务能力,因此保障性是种能执行任务能力的度量,在研究保障性时应当先研究从型号的任务需求中导出的任务能力是什么,如何表达任务能力。任务能力由使用方案或任务剖面而定。最简单的任务能力平时是战备完好,即航空装备在需要时,在可接受的准备时间下,能正常使用的程度;战时有持续作战的能力等。不同任务要求有不同的任务能力要求。例如,航空装备战备完好性是公认的对任务能力的最适宜的描述,但不同航空装备不同使用条件,战备完好性不同,例如飞机采用的出动架次率是最典型的战备完好性参数,确定这项度量需要根据作战使用方案和任务剖面做起。任务能力的准确描述是一项重要的研究课题。

(2)保障性的设计特性内容很多,要根据航空装备设计特点研究其任务需求和使用过程,找出影响保障的各类设计因素。

系统的设计特性是设计赋予装备的固有属性,决定于设计所确定的技术状态。系统的设计特性是指装备设计中与保障有关的设计特性,目的是满足任务能力,使装备易于或便于得到保障的特性。系统的设计特性主要包括可靠性、维修性、测试性、运输性、人素工程特性、生存性、安全性、自保障特性、能源、标准化、可部署性、战场抢修性等易于和便于保障性的设计特性。

　　按照美国空军的定义,广义保障性的影响因素包括33种,见表1-1,这些因素可以理解为与保障性有关的设计因素,凡是能使航空装备便于保障或易于保障的设计特性,都可归类为保障性的设计特性。在航空装备设计时应考虑的问题很多,如适应运输条件的设计、满足自保障要求的设计、达到受油能力要求的设计、符合安全性和生存性要求的设计以及适合储存和停放环境的设计等。这些设计都是航空装备的保障性设计不可缺少的,也是可靠性维修性设计不能替代的。在能源上,如果航空装备设计选用了品种过多、性能要求过高的燃油(料)和润滑油(脂),就会给油料储备和运输增加很大的负担。海湾战争中美国海陆空三军选用了统一的燃油JP-8就是一例。再如标准化问题,在飞机研制中如果选用了非标准的导弹挂架(如每种导弹各选用一种挂架),就会增加飞机再次出动的准备时间,还会增加备件储备和维修工作量等。

表1-1　有关保障性的影响因素(广义保障性)

可靠性维修性和部署性	可达性	修理级别	系统安全性
可用性	可信性	校准	腐蚀
维修性	备件保障	工业保障基地	无损检测
生存性	任务效能	修订后的战术	器材过时淘汰
标准化和互用性	耐久性	保障设备	威胁的变化
综合诊断效能	可使用性	训练	危险品管理
燃料和能源管理	软件的重新编程能力	检查	机动性
运输性	软件运行速度和效率	人力	—
测试性	—	人的因素	—

　　(3)保障资源要统筹规划,以成套方式提供。保障资源内容十分繁杂,从大类来说综合保障就规定了8个有关资源的要素,即人力和人员专业及技术等级;备件及消耗品;保障设备;技术资料;训练和训练保障;保障设施;计算机资源保障;包装、装卸、贮存和运输保障等。有些航空装备还有其特有的保障资源要求。更重要的问题是,大量不同的资源必须成套地提供给部队,才能使装备达到设计时所要求具备的能力。分散零星的单项资源是达不到要求的,因此保障系统成为保障性研究的热点。

　　(4)达到保障性的目的要用系统工程的方法进行研究。保障性的设计特性、保障资源以及任务能力要求三个方面内容十分丰富,互相关联,与装备研制和使用全寿命过程关系犬牙交错,只能用系统工程的分析、综合、权衡等方法来解决。

　　(5)实现保障性目标是参与航空装备研制和保障各方面人员的共同责任。从立项论证制定目标和要求时,研制中不断反复迭代优化保障方案和设计方案,建立保障系统直至形成保障能力,必须协同合作,单一方面是完不成目标要求的。实现保障性目标既包括军方内部的作战、研制、使用与保障、试验、后勤等部门和单位,又包括工业部门的设计、生产、试验等部门和单位。

1.2　航空装备保障性系统工程的提出

　　航空装备保障性系统工程是随着人们对装备保障和保障性问题重要性认识的增强，以及装备复杂程度的提高对保障性依赖增大，而产生的一门综合性工程学科，是装备可靠性工程、维修性工程、综合保障工程以及与保障有关的其它专业工程各自分散发展的必然结果，反映了人们对提高航空装备保障性，满足航空装备执行任务能力的一种迫切需求。

1.2.1　可靠性工程的产生与发展

　　各种不同专业学科都是随着人类各种活动的需要而产生的。可靠性工程产生于 20 世纪 50 年代，美国军方与工业界为解决军用电子设备和复杂导弹系统的可靠性问题，有组织地开展了可靠性研究。1952 年，美国国防部成立了一个由军方、工业部门和学术界组成的电子设备可靠性咨询组（AGREE）。1955 年，AGREE 开始实施一个从设计、试验、生产到交付、储存和使用的全面的可靠性发展计划，并于 1957 年发表了《军用电子设备可靠性》的研究报告。该报告从 9 个方面阐述了可靠性设计、试验及管理的程序和方法，确定了美国可靠性工程发展的方向，是可靠性工程发展的一个奠基性文件，标志着可靠性工程已形成一门独立的学科。20世纪五六十年代是可靠性工程全面、成熟的发展阶段，可靠性工程理论和方法在一些重大航空装备（如 F-16A 飞机、M1 坦克等）研制中得到了应用，并取得了良好的效果。

　　自 20 世纪 80 年代以来，可靠性工程得到了深入的发展，可靠性和维修性已成为提高航空装备战斗力的重要因素，可靠性已被置于与性能、费用和进度同等的地位。1980 年，美国国防部首次颁布了可靠性及维修性指令 DoDD5000.40《可靠性及维修性》。1985 年，美国空军推行了"可靠性及维修性 2000 年行动计划"（R&M2000），该计划从管理入手，依靠政策和命令来促进空军领导机关对可靠性工作的重视，加速观念转变，使可靠性工作在空军部队形成制度化。这一系列措施，加强了可靠性和维修性工作，提高了航空装备的战斗力，其成效从海湾战争、科索沃战争已得到充分证明。

　　在我国航空装备建设过程中，诸如可靠性、维修性、测试性等新概念、新技术，大多都是从国外借鉴过来的。这些概念和技术方法逐步被广大工程技术人员所接受，并在航空装备型号中得到初步实践，对提高航空装备可靠性和维修性水平发挥了积极的作用。但是，由于我国工业基础比较薄弱，制造工艺与材料水平达不到设计要求，工程实践经验、数据和设计工具比较缺乏，加之管理体制和认识上的问题，这些专业工程学科在工程实际应用中的深度和广度还不能满足实际的需要。

　　在这些问题中，有些问题是人们对学科逐步认识上的问题。如可靠性工程，这项专业工程的核心是从设计上保证航空装备尽可能无故障，同时预先分析出航空装备在工作时出现故障的模式和原因，以确保采取有效的改进措施。它对提高航空装备的战备完好性和降低保障费用起到了重要作用。这项工程技术方法是从电子产品发展而来，因而有些分析技术、设计方法只适合于电子产品，对于机械产品、软件产品就不一定完全适用，加之缺乏数据积累，因而在型号实施中的效果有时还达不到要求。随着信息技术在航空装备中的广泛应用，软件在航空装备中的比例不断增大，出现了一种新型的航空装备形态，叫作软件密集装备或软件装备，这些装备采用的硬件大都是成熟产品，一般情况可靠性指标都非常高，因此传统的预计和分配技术失去意义,而软件可靠性成为最突出的问题,如何提出软件可靠性、维修性、保障性要求,如何对其进行设计、分析和评价,成为一个新的难题。同时,即使航空装备的可靠性有所提高,但还是不能完全解决航空装备的全部使用和保障问题,航空装备除了恢复故障需要保障资源支持外,要执行任务还需要诸如航空装备使用前的准备、加注燃料和特种液、补充弹药、充电和充气、航空装备的储存和运输等使用保障活动。而且为了提高航空装备的可靠性,必须采用冗余设计、高可靠的元器件,这会造成航空装备复杂程度提高,研制费用和保障费用都会增加,也增加了使用与保障工作量,航空装备的战备完好性水平有时并不一定能得到明显提高。因此,单纯通过可靠性工程解决航空装备使用和保障问题的作用受到一定的限制。

1.2.2 维修性工程的产生与发展

随着可靠性工作的深入发展,人们认识到从航空装备战备完好性和寿命周期费用的观点出发,单纯提高可靠性不是一种最有效的方法,必须综合考虑可靠性及维修性才能获得最佳的结果。20 世纪 50 年代,随着军用电子设备复杂程度的提高,航空装备的维修工作量不断增大,费用不断提高,当时大约 250 个电子管就需要一个维修人员,美国国防部每天要花费 2500万美元用于各种航空装备的维修,每年约 90 亿美元,占当时国防预算的 25%,因此,航空装备的维修性问题引起了美国军方高层的重视。从 20 世纪 50 年代后期开始,美国开展了电子设备的维修性设计、试验等验证技术的研究,20 世纪 60 年代中期相继制订了一系列维修性标准并在 F‑111 飞机等航空装备上得到应用,形成了维修性工程学科。

20 世纪 70 年代,随着半导体集成电路及数字技术的迅速发展,军用电子设备的设计及维修产生了很大变化,设备自测试、机内测试(BIT)、故障诊断等概念引起了设计师和维修性工程师的重视。此后,故障诊断能力、机内测试成为维修性设计的重要内容,并独立成为一支专业。

自 20 世纪 80 年代以来,美国颁布了一系列军用标准,强调测试性是维修性工作的一个重要组成部分,认为机内测试及外部测试性不仅对维修性设计产生重大影响,而且影响装备的战备完好性和寿命周期费用。为解决现役装备存在的诊断能力差、机内测试虚警率高等方面的问题,美英等国相继开展了综合诊断及人工智能技术的应用研究。美国空军实施了通用综合维修和诊断系统计划,海军实施了综合诊断系统计划,陆军实施了维修环境中的综合诊断计划。综合诊断已在美国空军的先进战术战斗机 F‑22、轰炸机 B‑2、陆军的倾斜旋翼机 V‑22及 M1 坦克的改型中得到应用。近些年来,美军提出了不少保障的新的理念和技术,如精确保障、自主式保障、基于绩效的保障(PBL)以及预测与健康管理系统(PHM),这些都是测试技术发展和装备内各种信息综合运用的结果。

为了提高航空装备的战备完好性,解决易于维修的问题,需要开展维修性工程。维修性工程工作的重点是确保装备存在潜在故障时尽可能预防故障的发生,并在出现故障时能够简便、迅速、经济地完成对装备的测试、维修,从而缩短维修时间,增加装备的可用时间。但是,为了缩短维修时间,先找到故障部位,有时找到故障部位所花的时间比修复故障时间还要长,特别是对于采用微型器件的电子设备,因而产生了测试性工程,测试性工程在过去通常作为维修性工程的一个分支。对于机械产品,其技术状态劣化是一个缓慢的过程,需要通过测试来判断故障部位和可用状态。随着装备复杂程度提高,由于电子设计日益复杂,特别是产品有多层冗余结构,测试性的作用更加突出,所以测试性工程逐步发展成为独立的专业工程学科。测试性工程是可靠性和维修性之间的桥梁,装备测试性水平的高低直接影响装备维修性指标的实现。在装备设计时,只有考虑足够的测试性设计(包括机内测试)才能实现维修性的目标,然而,当装备中设计了过多的机内测试功能时,装备研制成本将会大大增加,需要在设计早期关注测试性问题,也需要在装备性能和成本之间取得最佳平衡。

1.2.3 综合保障工程的产生与发展

随着航空装备复杂程度的提高,在 20 世纪 70 年代中期服役的大型复杂装备都面临着使用保障费用高和战备完好性差的两大难题。当时,美、英等国大部分现役战斗机的战备完好性都较低,其能执行任务率一般为 61% 左右,严重地影响着部队的作战能力。例如,F-15A 飞机每出动飞行一个架次平均需要维修 15 h,其中大约 20% 的时间用于等待备件,30% 的时间处于维修或等待维修。为了解决这两大难题,世界各国开始对保障性进行研究。

1973 年,美国国防部颁布了军用标准 MI-STD-1388-1《后勤保障分析》和 TD-1388-2《国防部对后勤保障分析记录的统一要求》,随后又经过多次修改补充,这两个标准规定了装备寿命周期内各个阶段开展保障性工作的要求和程序,为改善装备的保障性提供了技术手段。

20 世纪 80 年代中期,装备的保障性问题引起了普遍的重视,美国军方认识到保障性问题,不仅需要通过分析与设计来解决,更重要的是要从管理入手,综合运用各种工程技术来解决保障问题,于是,提出了"综合后勤保障"的概念。1983 年,美国国防部颁布了指令 DoDD5000.39《系统和设备综合后勤保障的采办和管理》,该指令规定保障性应当与性能、进度和费用同等对待,规定了从装备寿命周期的一开始就要开展综合后勤保障工作,以达到规定的保障性要求,并要求当装备部署到部队时保障系统也应当同时建成。随后美国三军先后颁布了一系列有关综合后勤保障的指令文件,规定了开展综合后勤保障工作的政策、程序和职责。

到了 20 世纪 90 年代,美国国防部废除了 DoDD5000.39,将综合后勤保障纳入国防部指示 DoDI5000.2《防务采办管理政策和程序》,确定将综合后勤保障作为一项采办工作加以考虑,将其作为装备采办工作的一个不可分割的组成部分。美国采办改革后,提出了"采办后勤"的概念。采办后勤实质上是更加突出强调保障性的地位,政策规定:"在武器系统的整个采办中开展采办后勤活动,以确保系统的设计和采办能够经济有效地考虑保障问题,并确保提供给用户的装备有优化的保障资源,以满足平时和战时的战备完好性要求。"美国在新一代装备的研制中,都突出强调了保障性。例如,从 F-22 战斗机工程项目的一开始,就重视保障性,在方案论证阶段有 40% 的工作量都用在考虑与保障性有关的问题上。联合攻击战斗机(JSF)是美国正在研制的新一代多用途轻型战斗机,在工程项目的开始就明确提出,保障性是飞机的三大性能要素(杀伤力、生存性和保障性)之一,并且要求在经济可承受的范围内实现飞机的保障性要求。

1997 年 5 月 30 日,美国国防部颁布的 ML-HDBK-502《采办后勤》将综合后勤保障改为采办后勤,强调保障性的重要性,明确保障性是性能要求的一部分,保障性分析是系统工程过程的一个组成部分。从采办后勤的内涵可看出,采办后勤的内容要比综合后勤保障的内容宽,综合后勤保障主要解决综合考虑保障要素的问题,而采办后勤则要全面考虑保障性的问题,在研制装备的同时,同时采办装备所需的后勤保障资源。

从 1997 年到 2007 年期间,国外一直在重视保障性问题,美国国防部于 2003 年 5 月 29 日颁布了《国防部武器系统的保障性设计与评估——提高可靠性和缩小后勤保障规模的指南》，2005 年 8 月 3 日颁布了《国防部可靠性可用性和维修性指南》等一系列指导性文件；英国国防部制订了《装备寿命周期后勤保障标准》。2005 年美国可靠性信息分析中心出版了《保障性工具箱》，2007 年美国后勤保障专家詹姆斯·琼斯出版了《保障性工程手册》，这说明保障性工程在国外也不断得到重视。

20 世纪 80 年代后期，国外综合后勤保障概念引入我国，由于国内对"后勤"内涵的界定与国外不同，所以目前国内基本上倾向于用"装备综合保障"来代替美军的"综合后勤保障"概念。有些专家也将其称为"装备综合保障工程"。

近些年来，通过各方面的努力和宣传，越来越多的专家、学者开始重新认识和理解装备综合保障的概念。随着综合后勤保障概念的引入，国内组织跟踪了国外发展动态，在消化、吸收和借鉴国外经验的基础上，结合我国国情，先后制订了 CJB1371—1992《装备保障性分析》、GJB3837—1999《装备保障性分析记录》和 GJB3872—1999《装备综合保障通用要求》等军用标准，出版了《综合保障工程》《装备保障性工程》等专著，召开了多次研讨会，为在我国普及和推广装备综合保障工作奠定了基础。另外，大家逐步认识到开展保障性工作的重要性和必要性，在一些型号中陆续开展了这方面的工作，并取得了一定的成效。

但是，从近十几年的工程实践来看，这些工程技术在型号中贯彻实施的效果并不十分理想，还存在一些问题。可靠性工程主要是从功能出发研究故障问题的，维修性工程主要是出现故障后研究易于维修的问题，而综合保障工程是从综合考虑保障资源的角度来研究装备保障问题的，综合保障更关注装备的保障资源要求，而从综合保障的角度影响装备设计的机会非常有限。目前，虽然也提出了保障性工程的一些概念，但其内容实质仍然没有超出综合保障工程的研究范围。以上这些专业工程，缺乏从装备系统层次上，特别是从任务需求出发，从用户角度，运用系统工程的理论和技术，来解决装备好保障和保障好的问题，也就是说需要从作战任务出发，从装备保障、装备用户的角度解决好装备设计与保障系统建设的统筹协调问题，以实现装备执行任务的能力，这就是保障性系统工程的任务。

1.3　航空装备保障性系统工程

由上述分析可以看出，解决航空装备保障性问题，涉及方方面面的问题，既涉及主装备的设计问题，又涉及保障系统的建设问题，是一个复杂的系统工程。必须按照系统的组成原理和系统工程的技术方法，把研究对象看作一个系统，实现这个系统保障性目标的工程技术活动，称为保障性系统工程。由于某系统是另一个更大系统的组成部分，显然保障性系统工程是装备系统工程的一个子系统。利用系统工程的方法，需要进一步明确保障性系统工程研究的目标、方案、资源和边界条件。特别是边界条件，需要对保障性系统工程的边界条件进行限定，在一定的边界条件下研究装备的保障性问题。

1.3.1　保障性系统工程的定义及内涵

保障性系统工程的定义是：在装备寿命周期内，以可承受的费用，实现装备研制规定的保障性目标所进行的一系列技术和管理活动。保障性系统工程之所以构成系统工程，是因为它具有系统工程的以下特点：

（1）整体性。保障性所阐述的能力是一个有组织的整体，即执行任务的能力，也就是满足保障性目标。此目标要全面考虑作战任务需求，将任务需求转化为与研制、生产、训练、部署和使用相适应的要求，形成互相统筹协调的整体。其组成的要素（即各类专业工程）都是为这一整体服务的。

（2）相互性。为达到保障性目标所论及的诸问题，如设计特性、保障资源以及相应的费用等问题，是相互依存、相互制约的，需要相互权衡分析、互相衔接才能解决。

（3）层次性。实现保障性的各项活动，包括各专业工程，贯穿于装备全寿命过程，在各个阶段分别有其不同层次的要求与目的，层次上下相关，并且与装备研制进程同步协调进行，以便达到规定的目标。

（4）边界条件。边界条件是系统分析的重要因素。保障性系统工程研究时有一定的边界条件，就是所处的外部环境，包括使用环境特定的物理环境（地理、气候等）、作战条件（包括兵力的部署与编制）、其它保障条件，因此，要做调查研究和假设。作战想定就是一种假设。保障性系统工程要在典型的作战条件下进行分析研究。保障性分析的边界条件是系统工程的重要组成部分。

保障性系统工程的最终目标是要实现保障性目标。保障性目标涉及装备的战备完好性、任务可靠性、任务维修性、作战持续性、保障机动部署性、经济可承受性和保障互用性等方面，在整个装备的寿命周期内，需要按照系统工程的原理，反复运用定义、分析、综合、权衡、试验和评价技术，才能实现保障性目标。保障性系统工程成功的关键是实现保障性目标各项活动的权衡和综合，即统筹兼顾各种关系，统筹解决装备设计和保障系统建设之间及其内部的矛盾和问题，最终以可承受的寿命周期费用实现保障性目标。

1.3.2　保障性系统工程的主要工作内容

在航空装备型号论证中，必须从任务需求出发，提出执行任务的能力要求，并制定保障性目标，将保障性目标通过分解、分配、预计、转换、综合、权衡等系统分析工作，形成保障性技术规范；在航空装备研制期间，通过装备保障性设计特性设计和分析，保障资源需求规划，建立与装备设计相匹配的保障系统等工作，来落实保障性技术规范；在装备使用与维修中，通过采取各项保障措施，充分发挥、保持和恢复装备执行任务的能力，最终实现保障性目标。因此，满足作战任务需求和保障性目标是保障性系统工程的出发点，也是保障性系统工程的最终目标。装备保障性系统工程贯穿于装备的整个寿命周期，主要工作内容如下：

（1）从任务需求确定保障性目标和要求，为航空装备设计和保障系统设计提供设计依据和约束；

（2）进行航空装备保障性设计，从设计上保证航空装备执行任务的能力，减少对保障资源的依赖；

（3）进行保障系统设计，制定保障方案。统筹考虑成套保障资源，保证在满足作战使用要求和适应航空装备设计的同时，使提供航空装备保障所需的资源最少；

（4）进行保障性试验与评价，验证保障性要求的实现情况，评价保障系统；

（5）进行航空装备系统部署和运行保障系统，形成保障能力，评估、监控和改进保障能力；

（6）实施保障性系统工程管理，确保各项工作最佳组合和有序进行。

航空装备保障性系统工程活动及相互关系如图1-2所示。

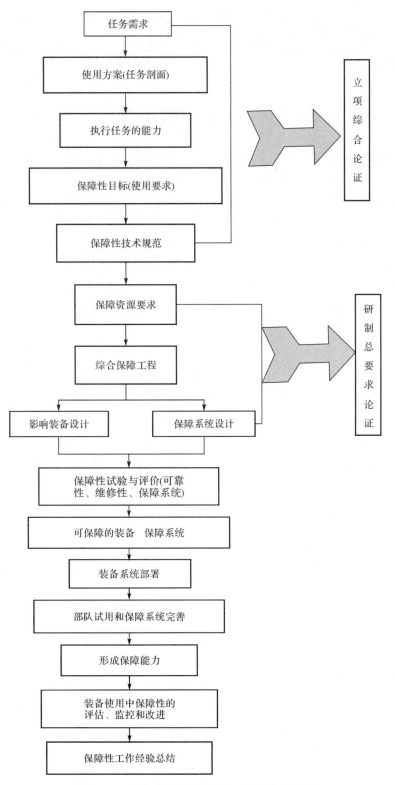

图 1-2 航空装备保障性系统工程活动示意图

1.3.2.1 保障性目标和要求

装备保障性目标是保障性的顶层要求，是装备执行任务能力的总要求，也称为执行任务的能力要求。形成作战能力的装备必须具备两类性能：一类为作战性能，另一类为保障性能。前者是根据作战任务需求装备应当具备的杀伤、破坏、干扰、侦察等能力，我们有时称其为功能，它由装备设计而获得。后者是保障装备的已具有功能能够充分发挥、保持和恢复的能力，也称为保障能力。部署到部队的装备，其功能已经由设计的硬件和软件所确定，不改变设计，一般功能无法改变。实际上装备能执行任务的能力，在很大程度上完全由装备的保障性能而定。保障性不是装备功能，它是多种因素的组合，既有与保障有关的设计因素，又有保障资源的配套，其中人力又是执行任务的主体。即使是设计制造很好的装备，其功能也会因时间、环境和作战使用的影响逐渐衰退或丧失，使用与维修保障能力便成为装备执行任务能力的主要支柱，因此，在装备研制时必须对此提出要求，以便采取措施保证达到应有的任务能力。

保障性目标是装备研制对整个保障性工作的目的，也是为了达到所需执行任务能力而提出的总要求。根据保障性目标规定的使用要求制定装备保障性技术规范，指导装备进行保障性设计和规划保障资源。保障性目标必须与装备任务需求、使用方案相关联。

提出装备保障性目标和使用要求是装备用户或其装备使用与保障部门的主要责任。装备主管部门是用户的代表。一般情况下，装备主管部门委托装备论证单位负责论证工作并提出要求，或者以合同方式委托装备研制单位提出要求，最后经装备使用部门、装备研制部门、装备训练保障部门、试验部门及装备承制单位协调认可，并经评审后，形成新研装备不同层次产品不同类型的保障性技术规范，这些技术规范必须写入相应的产品规范中，然后将这些要求分配到相应的设计部门和机构，按照技术规范进行设计和规划，以使系统满足所有保障性要求。这些技术规范作为签订合同、装备保障性设计特性设计和定型考核、保障资源规划与保障系统建立等工作的依据。按照装备研制阶段划分，保障性技术规范应当分别写入《装备立项综合论证报告》《装备研制总要求综合论证报告》及其它相应型号文件。

1.3.2.2 装备保障性设计

装备保障性设计是根据保障性技术规范中确定的保障性设计特性要求，通过运用可靠性、维修性和测试性、人的因素、安全性、生存性、标准化与互用性、环境适应性等相关专业工程的活动，将有关保障性的设计要求在装备设计中予以实现，使装备设计得易于和便于保障，将对保障资源的需求减到最低。

保障性技术规范包括系统、分系统、主要技术状态产品的保障性设计特性的技术要求，这些要求都是可度量、可实现和可验证的要求，必须将这些要求具体到型号和分系统甚至部件，分配到有关设计工程人员，要求他们确保在产品设计中实现这些要求，否则无法落实。

装备保障性设计包括大量的专业工程设计，主要包括可靠性设计、维修性设计和测试性设计等，这些设计特性的设计工作已经开展了多年，都有相关标准规范，相对比较成熟，按照由顶层保障性目标确定的装备可靠性、维修性和测试性等保障性设计要求，保障性工程技术人员协调可靠性工程、维修性工程、测试性工程、运输性工程等相应的专业工程工作，保证装备保障性要求的实现。

可靠性设计是保障性设计的重要组成部分，它以分配、建模、预计等可靠性设计活动为主，可靠性管理活动为辅,把可靠性要求直接设计到装备中去。可靠性设计直接面对的是故障问题,因为故障是影响装备停机时间、维修频度、维修人力、备件要求、技术资料、保障设备等保障资源的首要因素,因此通过采用成熟设计、简化设计、降额设计、热设计、耐环境设计、健壮设计、机械概率设计、冗余容错和重构设计以及采用高可靠的元器件来提高产品可靠性是最有效的保障性设计途径,从而大大减少对保障的需求。

维修性设计是减少装备维修时间、降低维修人员培训和备件要求的有效途径。可达性设计是维修性设计的首要考虑因素,互换性设计、模块化设计、标准化设计以及便于拆卸和安装的设计等也是维修性设计的重要内容,是有效的保障性设计途径。

测试性设计主要是针对电子设备提出的,在电子设备设计中,通过合理选择测试点,进行功能与结构划分,考虑被测单元与外部测试设备的兼容性,考虑外场测试及内场测试与大修厂测试的兼容性,采用机内测试(BIT)技术等来提高电子设备的故障检测率和故障隔离率,降低虚警率,减少故障检测与隔离时间,进而减少地面维修停机时间,同时还可以提高监控装备技术状态的能力。

还有一部分设计要求是从减少装备对保障需求的角度提出的。例如人力和人员的综合设计问题,标准化和互用性设计,自保障特性,环境、安全性和职业健康设计,运输性设计,还要考虑逐步减少制造源和材料短缺,以及技术成熟性、民用现成品、控制单一供货源等方面的设计。

在确定保障性目标和技术规范时,需要在装备的系统层次上实施顶层设计,可以通过保障性分析工作,进行使用方案、设计方案和保障方案的综合权衡,保证以合理的寿命周期费用实现保障性目标。如在主装备设计时可靠性、维修性、测试性等设计的指标难以实施或提高指标的费用太高的情况下,可以通过优化保障资源来满足保障性目标。同时在可靠性、维修性、测试性等指标之间也需要进行权衡分析,通过这些保障性系统工程的综合与权衡工作,来实现装备保障性目标和技术规范的总体最优。在确定保障性目标和技术规范时,应当明确各参数值所涉及的因素、计算模型和数据范围、使用方案和保障方案。

1.3.2.3 保障系统设计

保障系统设计的主要目的是研制成套保障资源,其过程中是按照保障性目标和技术规范要求,制定初始保障系统方案(以下简称"保障方案");根据装备设计方案建立备选保障方案,通过优化备选保障方案,确定实施装备保障所需的保障资源,通过保障资源的集成和研制,建立保障系统,为装备提供成套的保障资源。

保障资源要求确定包括:确定装备的使用和保障工作流程,确定使用和保障工作项目,制定保障工作规划,进而得出优化的保障方案并据此提出保障资源要求,将这些保障工作项目及其所需要的保障资源分配到保障方案规定的级别。这个过程是反复迭代进行的,在这个过程中,保障系统设计可以提出影响装备设计和更改装备设计的内容和要求,同时考虑部队现有的保障体制和资源,采用现有和标准化保障资源,以缩小保障系统的规模。

保障资源要求确定后,接下来就是安排保障资源的研制、生产或制造、采购。将装备使用与保障工作内容、所需的保障资源所形成的保障系统,与现有保障体系相结合,形成部队能够运行的保障体系,这样的保障系统才能发挥作用。

1.3.2.4 保障性试验与评价

保障性试验与评价的目的有两个:一是验证新型研制装备是否达到保障性技术规范中规

定的保障性要求,判明偏离预定要求的原因,确定纠正缺陷的方法;二是评估新型研制装备是否达到保障性目标要求。

按照保障性试验与评价的目的和性质,通常分为两种类型的试验。为验证装备设计和保障性设计是否满足保障性技术规范的试验与评价,通常称为保障性研制试验与评价,这种试验一般是在承制单位的协助下完成的,它并不代表装备的真实使用情况和环境,因此,评价出的要求数值一般会偏高。为验证装备设计和建立的保障系统是否满足装备保障性目标(使用要求)而开展的试验与评价,通常称为保障性使用试验与评价,为了确认所研制的装备是否真正满足部队的作战使用需求,试验必须尽可能在实际使用环境或最接近使用环境的条件下进行。为了保证试验结论的公正性,应当组织相对独立的试验与评价机构进行试验与评价。最好组建专门的试用部队将装备及其保障系统统一协调地进行试用试验。

根据保障性要求的内容,保障性试验与评价分为保障性设计特性要求的试验与评价、保障资源要求的试验与评价和保障性目标(使用要求)的评估。保障性设计特性要求的试验与评价通常在研制过程中进行,主要结合装备性能试验与评价进行,也可以专门对专业工程特性进行试验与评价;保障资源要求的试验与评价可单项进行,最好几项资源结合在一起进行,或者结合装备性能试验与评价合并进行;保障性目标的准确评估,一般在装备实际使用条件下进行,对于样本数量较少的装备研制项目,可以采用仿真或分析评价结果辅助进行。

1.3.2.5 使用阶段保障能力评估、监控和改进

随着装备系统的交付,初始阶段的保障性系统工程活动告一段落。装备系统交付之后,在使用阶段,保障性系统工程的工作重点转移到将装备的保障工作融入部队的保障体制中去,并不断完善和提高装备执行任务的能力上。其主要工作包括保障性数据收集、装备使用任务和环境分析、保障资源调整、保障系统改进、保障性工作经验总结等。

装备设计时确定和采用的保障性要求,在装备使用中都应当得到评估和监控。否则,装备使用过程中的保障性系统工程就很难收到应有的效果。信息收集必须全面、准确、详实,不能仅记录故障信息,必须记录全部的使用和保障事件,包括事件发生的地点、环境条件、事件发生的日期与时间、事件的描述、事件发生的周围环境,以及重复发生事件和非重复发生事件时间、地点等。

满足作战任务需求是装备保障性系统工程的起点,也是装备保障性系统工程的归宿。装备不能满足全部预期目标的主要原因是装备的研制周期较长,使用寿命更长,其间作战任务发生了变化。作战任务一旦发生变化,早期研制时做出的各项决策都会受到影响。同样,使用环境的变化也可能导致装备或装备的保障出现严重问题。因此,保障性系统工程必须经常比较当前的任务需求、利用率和使用环境与研制之初确定的各种基线之间的差别。这些变化还可能导致寿命周期费用增加,装备作战能力与可用度降低。这些作战任务的变化需要对保障系统进行调整和改进,如改进保障资源的品种和数量,完善保障方案,甚至调整编制体制及管理机制等。

在研制阶段确定的保障资源需求主要是依据历史数据对未来需求进行的种种预测。在缺乏历史数据的情况下,工程技术人员仅能依据工程经验来决定所需的保障资源。因此,需要对保障资源进行持续评估,确保资源充足供应的同时不出现过剩现象。一旦发现问题,保障性系统工程应对保障资源进行调查、分析、调整和优化。接下来的工作是根据数据进行一些对保障

性目标影响的分析工作,同时提出改进装备保障性的一些设计措施,保障资源调整、保障设施改造、对装备进行升级或现代化改造,扩展装备功能,延长装备寿命,以提高装备执行作战任务的能力。在装备使用阶段,保障性系统工程应当不断寻求新的方法,以提升装备保障能力。

在装备形成保障能力后,装备的保障性系统工程并未结束,应该说直到装备退役,这一代装备的保障性系统工程才告一段落。某一装备进入使用阶段就意味着其下一代装备的规划与研制工作开始启动。这就需要建立一套规范化的方法,对装备使用期间的保障活动进行系统总结,为改进下一代装备的保障性、提高保障系统建设的水平,以及优化装备保障工作打下基础。某一研制单位为研制下一代装备而积累的历史信息中,经验教训是重要的组成部分。经验教训有助于改进和优化装备及其保障系统。但是,人们一般都不注重记录有益的经验教训,部分原因是人们总是不愿意面对由于自己的失误而导致的问题。从历史数据看,所有单位都倾向于记录问题出现的征兆以及问题本身,却很少记录产生问题的原因。

1.3.2.6　保障性系统工程管理

装备保障性系统工程是一项复杂的综合性多项专业工程的系统组合,是由大量装备设计及资源规划工作组成的,需要通过管理,实现各项组成工作的最佳配合,才能保证顺利进行。装备保障性管理包括计划、组织、评审、接口管理等几个方面。

开展装备保障性系统工程必须先对保障性工程做出规划,制定保障性管理总计划和保障性实施计划。保障性管理总计划是从军方角度为开展装备保障性工作而提出的总体要求,是军方对保障性工作的总体安排,是所有参与保障性工作的单位和个人开展保障性工作的指导性文件,通常由装备研制主管部门组织制定。保障性实施计划是装备研制单位为实现军方提出的保障性技术规范而制定的具体实施工作计划。型号项目各专业工程的计划可以单独制定,可将有关内容合并到保障性实施计划之中,以减少重复,提高工作效率。

开展装备保障性系统工程需要有组织上的保证。装备型号工作需要成立型号保障性管理机构,制定运行规则。为了保证工作的效果,军方和研制单位都应当建立相应的保障性组织机构(可以与现有的可靠性、维修性组织机构合并成立保障性组织机构),同时应成立由双方共同组成的型号保障性联合管理组(可称为保障性综合产品组)。保障性联合管理组的任务是加强双方之间的联系,协调解决保障性工作中存在的问题,研究解决措施,为型号决策提供咨询意见,保证保障性工作顺利进行,一般情况下军方担任组长。装备保障性评审是保证装备保障性工作顺利进行的重要的监督和控制手段,其目的是检查保障性工作的进展情况、评审工作结果、分析存在的问题、提出解决措施建议。

装备保障性系统工程存在大量的接口,这些接口保证了各项工作的协调、有序和高效。接口包括数据接口、工作接口、组织接口等几个方面,要管好这些接口不是一件容易的工作,需要制定大量的接口管理文件,并将这些管理要求落实到各项工作和文件之中,才能保证保障性系统工程的顺利进行。

需要说明的是,保障性工作不同于装备设计工作,也不同于可靠性工作,对于装备设计工作和可靠性工作,军方只要提出具体的技术规范和考核要求,最后验证就可以了。而在保障性工作中,军方作战、训练、研制、保障、后勤等部门都有自己的责任,需要军方各部门的积极参与和密切协作,同时也需要军方各部门与工业部门和各设计生产单位的协作,否则就不可能实现保障性目标,即不可能获得满足作战任务要求的装备。

习　题

1. 保障性系统工程的主要内容有哪些？
2. 保障性的定义和特点是什么？

第 2 章 制定保障性要求

航空装备保障性系统工程的一项首要工作是制定保障性目标和使用要求,并由此制定保障性技术规范,技术规范是研制航空装备的技术要求。保障性技术规范确定的合理与否,决定了整个工程项目保障性系统工程的效果,也决定了航空装备部署后能否尽快形成保障能力。

过去,在航空装备研制中,在确定保障性要求时存在两方面的问题:一是提出装备保障性要求的任务需求依据不够充分,参数指标和内容确定不够全面合理,重视功能方面的要求,忽略了保障系统方面的要求;二是研发部门与使用部门之间缺乏应有的沟通,对用户提出的要求和约束条件理解和掌握得不够准确,因而没有把这些要求设计到产品中去。

科学合理地确定航空装备的保障性目标和技术规范本身就是一项系统工程。它涉及作战、装备、后勤等工作,既要满足任务需求又要适应使用保障要求,更要协调费用与进度,还必须考虑先进性和研制的可行性。航空装备结构功能和使用过程极为复杂,使用环境苛刻,它与一般的民用产品有很大的不同。在一般的民用领域,用户是不确定的,用户也不必明确规定他们的需求,产品的性能和质量,完全是靠市场调查和市场竞争出来的。如果用户对企业开发的产品不满意,产品就没有市场。例如电视机、洗衣机等家用电器,生产企业必须进行市场调查,确定用户需要什么,想要什么……并使产品的设计要求高于用户的需求。这样带来的效果是:既满足了用户的需求,又占领了市场更多的份额。对于有些民用领域,用户则明确地"规定"他们的使用要求,例如航空公司规定的"航班可靠度"等,那么飞机制造公司就需要将这些使用要求正确地转换为技术规范,以指导设计最终满足使用要求。

保障性系统工程是以达到保障性目标为目的。保障性目标是一项总要求或顶层要求,必须从它导出或分解为下一层次的技术规范要求,以便进入研制领域,实现装备保障性设计和规划保障资源的要求,最终实现保障性目标。

典型航空装备的保障性目标主要包括以下几方面。

1. 战备完好性

战备完好性是指部队、单位、装备在无不可接受的延误的情况下,投入使用时提供预期输出的能力。它实际上反映了装备出动参战的能力。战备完好性在论证时就要提出,是研制和评估装备在规定条件下完成既定任务能力的依据。表达战备完好性目标采用的形式因装备设计和使用条件而定,没有对所有装备都适用的统一的度量。但战备完好性必须符合下列要求:

(1)要与平时和战时的使用率及使用条件联系;

（2）必须是部队的使用术语而非设计术语；

（3）应是可量化的；

（4）应有明确的计算时间、装备编制数量、完好的状态要求等规定。

例如，飞机战备完好性可用出动架次率表示，它是指空军作战单位（如一个中队），多架飞机在24 h内能出动执行某种任务的架次数。出动架次率是部队使用术语，它规定了使用时间、装备数量和执行任务的要求。对于飞机，也可以用能执行任务率（MCR），如某型飞机的能执行任务率为80%。

2.任务可靠性

任务可靠性表示在给定的条件下，规定的任务剖面中，持续完成规定功能的能力。任务可靠性所关注的是在某一时间区间内完成功能的能力。任务可靠性的作用与战备完好性是同类的，都是对固有能力的发挥起保障作用的，它们都是保障性的反映。例如，某型飞机的任务可靠性是20 h，表示该飞机在20 h内执行某项任务而不发生故障。

3.任务维修性

任务维修性表示在给定的条件下，规定的任务剖面中，装备能在规定时间内，按照规定程序和规定的资源，修复到能执行任务继续投入战斗的能力。任务维修性与任务可靠性类似，都是对固有能力的发挥起保障作用的，它们都是保障性的反映。任务维修性除了与装备的结构特点直接有关外，受维修规程安排和资源配备的影响较大。通常用战损修复率和维修时平均停机时间（MDT）来表示任务维修能力。

4.作战持续性

装备的作战持续性是"装备按规定的作战能力连续实施作战行动的能力，通常用持续作战的时间（天数）或里程来衡量"。持续性分平时持续性和战时持续性，平时持续性是指为保障拥有装备而维持必要的部队、装备和消耗品水平的能力；战时持续性是指保持作战行动的必要水平和持续时间以实现军事目标的能力。作战持续性也是提供和维持军事行动所需战备水平的部队、处于准备状态的装备和消耗品水平的一个函数。

作战持续性与装备的生存能力（易损毁性）包括损伤概率、抢修性和战伤修复能力，以及任务需求的最低完好装备保有量有关。

5.保障机动部署性

保障机动部署性是指当装备依据作战需求实施机动（重新部署、维持和移动）时，按规定的要求所需保障资源能随同机动的能力。它是作战条件下保障系统规模的函数。保障系统规模主要取决于必需的保障设备、器材、补给和保障人员的数量，涉及保障资源的尺寸、质量、包装特性和机动运输能力。良好的机动部署性还可以提高装备的生存能力和保障系统的抗毁性。机动部署与现代战争要求快速反应有密切关系，它的实质在于保障资源不是越多越好而应当从简优化，以及相应的运输手段，如空军利用直升机，陆军设计越野性高的保障车辆，海军利用舰船合理布置自身舱室和补给船，这些都是研制中须统筹考虑的重要问题。例如，24架战斗机转场时,需要多少架运输机来运输保障资源,所需运输机的架次就反映了保障机动部署的好坏。

使用与保障人力资源是保障能力的重要组成部分。人力包括人员数量及技术等级,它既要满足任务要求,又要便于机动部署。通常用使用单位的人力数为制约条件,用寿命单位的维修工时作为量化要求。由于平时和战时使用及保障条件和要求不同,应分别拟定人力要求。

6. 经济可承受性

经济可承受性是指用户在产品的寿命周期内,能够承担产品的研制、采购、使用和保障费用的能力。它是产品设计中综合考虑使用和保障费用与研制和制造费用的结果。如果新型研制装备在成本或备件没有较大增加的情况下,可以设计得更可靠(故障更少)和更易维修(需要资源更少),将意味着这些装备的寿命周期费用会降低,相对地其经济可承受性有所提高。

7. 保障互用性

互用性是装备、单位或部队向其它装备、单位或部队提供数据、信息、装备和服务并从它们那里接受同样的事物,以及利用彼此交换的数据、信息、装备和服务使它们能够共同有效地作战的能力。美国国防部指令 DODD4630.5,信息技术(IT)和国家安全系统(NSS)的互用性和保障性的互用性中,既包括信息的技术交换,也包括为完成使命所需的该信息交换的端到端的作战效能。在联合作战条件下,要求体系内所有装备必须达到规定的互用性要求,通常互用性指标是 100%。

2.1　航空装备保障性技术规范

航空装备保障性系统工程是装备系统工程的组成部分,按照系统工程的要求,需要对航空装备研制过程实施技术状态管理。技术状态管理是对产品技术状态进行文件化及更改、控制的管理方法。它是系统工程管理的有机组成部分,用于系统的定义。

航空装备的技术状态是通过确定基线来进行管理的。基线控制着从方案到生产的设计过程,基线是用规范来描述的,所以技术状态管理采用的一项重要控制文件就是规范。规范是指清晰准确地描述产品(项目)的基本技术要求的文件,规范定义系统必须做什么,做到什么程度以及对它如何进行验证。军方根据规范可以确定是否满足了要求。规范分为系统(A 类)、研制(B 类)、产品(C 类)、工艺(D 类)和材料(E 类)等 5 种,分别对应功能基线、分配基线和产品基线。由于介绍技术状态管理和规范方面的著作很多,本书不做详细介绍。

规范作为航空装备研制工作传统的产品设计中控制产品技术要求的一种文件。装备保障性系统工程,尝试借用这种传统的设计控制文件,来控制保障性设计特性和保障资源要求的状态。但是需要说明的是,装备保障性系统工程中采用这种传统的产品设计的规定,与传统的产品设计有所不同。主要出于以下考虑:

(1)采用技术规范,可以将产品设计与资源规划统一起来,做到同步研制;

(2)资源规划要与产品设计有机结合,在技术规范上就是相结合的一种手段;

（3）在管理上求得协调统一。

航空装备保障性系统工程中保障性要求确定的主要成果和输出，是制定出一套内容正确、结构完整，能够统筹、协调地满足作战使用任务需求和任务能力要求，具有可追踪性的型号保障性要求文件，它以系统工程文件的形式确认了型号的保障性目标和各种要求，客观地规范了装备设计方案、保障方案，集中展示了装备保障性设计特性设计和试验过程，以及保障资源设计、生产和试验过程。根据需要，保障性技术规范可以作为单独文件编制，也可以纳入装备型号规范。

航空装备保障性系统工程作为航空装备系统工程的子系统工程，应当采用系统工程的原理，对保障性技术要求实施基线管理，将保障性技术要求分为三个层次，即 A 类保障性技术规范、B 类保障性技术规范和 C 类保障性技术规范，简称 A 类规范、B 类规范和 C 类规范。

各类保障性技术规范的内容及与装备型号规范的相互关系见表 2 - 1。

表 2 - 1　保障性技术规范的类型、主要内容及与装备型号规范的关系

保障性技术规范	主要内容	制　定	与装备型号规范的关系	
			对应基线	对应规范
A 类规范	从保障性目标要求提出的系统级的保障性技术要求（含保障系统和资源要求及约束）	装备论证阶段完成（装备立项综合论证提出）	功能（能力）	系统（A 类）
B 类规范	分系统及以下层次产品（关键产品）的保障性技术要求（含保障系统和资源要求及约束）	装备方案阶段完成（装备研制总要求论证提出）	分配	研制（B 类）
C 类规范	技术状态项目的保障性设计特性的详细要求，各项保障资源的详细要求（保障工作规划、保障资源生产、试验和验收要求等）	装备工程研制阶段结束时完成		产品（C 类）工艺（D 类）材料（E 类）

2.1.1　A 类保障性技术规范

确定 A 类规范先需确定保障性目标，保障性目标要求通常从战备完好性、任务可靠性、任务维修性、作战持续性、保障机动部署性、经济可承受性和保障互用性等方面提出。保障性目标不是某装备统计的结果，而是一个作战单元或单位的统计的结果，例如：飞机通常是按中队，坦克通常是按营或团为单位统计的结果。这些使用要求和规范可以进一步导出或转化成系统和分系统层次的保障性设计特性要求和保障资源规划要求。

在航空装备立项综合论证阶段保障性要求确定工作，就是要将典型任务要求转化和细化成系统层次的保障性技术要求，这些要求与装备研制型号的 A 类系统规范相对应，是论证阶段在系统层次开展保障性系统工程工作的结果,是进行各分系统和关键部件(含保障系统和资源)保障性系统工程工作的依据。

A 类规范不仅包括系统和分系统层次的保障性定量指标和约束条件,还包括对保障资源的规划要求和约束、初始保障方案、保障费用概算和约束、形成初始保障能力和全面保障能力的时机和状态等。A 类规范确定的分析过程和理由,应当形成论证报告,经评审后纳入《航空装备立项综合论证报告》或作为其附件。

2.1.2　B 类保障性技术规范

B 类规范是由 A 类规范经过反复系统分析和论证,形成的技术上可实现、经济上可承受、试验中可考核或验证,并且在进度、风险和费用约束范围内,一整套相互协调匹配的保障性要求。B 类规范包括保障性设计特性、保障资源要求和约束、保障方案、保障资源费用概算、形成初始保障能力和全面保障能力的时机和状态等。

B 类规范与航空装备研制型号的 B 类研制规范相对应,是方案阶段在分系统及以下层次(含保障系统及资源)进行保障性系统工程工作的结果,是进行各技术状态项目(含保障资源产品)保障性系统工程工作的依据,包括产品保障性设计特性的设计、分析、试验,保障资源的设计和确认。B 类规范作为签订研制合同、定型考核、保障性设计特性设计、保障资源规划和采购、保障系统建立的依据,应当纳入《航空装备研制总要求综合论证报告》。

为了实现 B 类规范,需要将保障性使用要求由顶层用户要求(任务可靠性、使用可用度等)向适当的低层次参数[平均任务故障间隔时间(MTBCE)、平均修复时间(MTTR)等]分配、分解或转化,还需要将系统级要求向分系统级及关键产品要求进行分配、分解或转化,形成 B 类规范。B 类规范除了包括可靠性、维修性、测试性等要求以外,还有一部分技术规范是从减少对保障需求的角度提出的,例如人力和人员的综合设计问题,标准化和互用性设计,自保障特性,环境安全性和职业健康设计,运输性设计,还要考虑通用性(物理、功能和使用)、模块化(物理和功能),逐步减少制造源和材料短缺,以及技术成熟性、民用现成品、控制单一供货源、采用通用标准等方面。

不同装备所采用的保障性设计特性参数和要求不同,需要由保障性目标得出,同时考虑各种约束条件。表 2-2 给出了一些常用的 B 类规范(设计特性方面)示例。

表 2-2　B 类规范(设计特性方面)示例

参数分类	使用参数	设计参数
可靠性	任务可靠性 使用可靠性 平均维修工作间隔时间 平均任务故障间隔时间 无故障使用期	平均故障前时间(MTTF)(不可修产品) 平均故障间隔时间(MTBF) 平均致命故障间隔时间(MTBCF) 平均预防维修间隔时间(MTBPM) 故障率(λ) 任务可靠度

续 表

参数分类	使用参数	设计参数
维修性	平均维修活动停机时间 平均恢复时间 维修比 最大修理时间 修理周期 维修停机时间 建制保障百分率	平均修复时间(MTTR) 预防性维修的平均时间 维修活动的平均直接维修工时(DMMH/MA) 更换主要部件时间
测试性		故障检测率 故障隔离率 虚警率(平均虚警间隔时间)
其它设计特性		标准化、互用性、环境、安全性和职业健康、自保障性、抢修性、运输性等约束及限制

　　为了落实保障性使用要求,需要将使用要求中与保障系统和保障资源有关的要求,分解、分配、综合、转化或细化成对保障资源方面的技术规范,并落实到装备设计和保障系统建立之中。保障资源要求也可以用目标值或门限值的方式提出,例如,保障规模可以细化成对各项保障资源的品种、数量和体积的约束或限制,如现有保障设备、测试设备和工具的利用率不低于80%,备件必须采用通用性、模块化和标准化设计;不增加新设施要求等。保障资源要求确定要用到本章给出的分析技术和方法,同时用到第 3 章保障方案与设计方案、使用方案协调和权衡。

　　通过制定初步保障工作规划,从保障资源规划角度提出的 B 类规范包括保障方案、各项保障资源要求和约束条件。保障资源要求涉及综合保障的八项资源要求,应当分别提出。综合保障的其它两个要素,维修规划和设计接口,从保障性系统工程的角度出发,这两方面的要求可认为是针对航空装备的设计约束已包括在保障性设计要求中。表 2-3 给出了保障资源方面的 B 类规范示例。

表 2-3　B 类规范(保障资源方面)示例

保障资源	要求示例
人力与人员	人员数量、技术等级限制、每使用小时的维修费用、每一技术专业人员的维修工时要求、每一技术专业等级的年度工时、每使用小时的平均维修工时要求、人员费用与使用和保障费用的比率、现有在编人员中可利用的数量特殊技能人员数量和工作量、工作利用率等
供应保障	用户等待时间、零件可用度[关键备件的满足率、库存满足率、补充订购持续时间、订购和运输时间、条件费用与使用和保障费用的比率、供应单元的规模(一个供应单位的修理零件和备件的全部质量、体积或数量)]、零件标准化等

续　表

保障资源	要求示例
保障设备	保障设备的规模(给定单位的使用和维修保障设备的质量和体积)、工具利用率、保障设备减少百分比、现有测试测量和诊断设备的可利用率等
技术资料	技术资料准确率、技术资料纠错率、随机(车)和嵌入技术手册的百分比、技术手册的有效率、技术手册的利用率(可用性)等
训练和训练保障	达到熟练度所需的时间、学员及格率或不及格率、嵌入式训练的百分比、训练费用和使用与保障费用的比率、已训练的人员数量与必需的人员数量比率、训练体系利用率(可用性)等
计算机资源保障	缺陷密度、软件的平均故障时间、软件更改率、软件更改费用与 LCC 的比率、计算机资源可用性等
保障设施	设施限制条件、设施投资强度、设施利用率
包装、装卸、储存和运输	包装资料的百分比、长期可再利用的集装箱的百分比、减少的质量和体积、减少的特殊储存要求、减少的装卸要求、无特殊装卸、危险物资限制、装卸时间、配置装备达到运输状态的时间、现有运输可用性、运输设备需要量最少等

2.1.3　C 类保障性技术规范

C 类规范是根据 B 类规范确定的更低产品层次(技术状态项目)和保障资源层次的保障性详细要求,包括对每个技术状态项目的保障性设计特性的要求,各项保障资源产品的详细要求,例如可对保障设备、设施、计算机资源和技术手册等方面提出单项的规范要求。

C 类规范描述的这些要求都是产品的实际的、可度量的保障性要求,这些要求用于定量确定所生产和试验的系统是否满足 A 类规范所提出的最低能力要求。C 类规范与装备研制的 C 类产品规范相对应,是工程研制阶段对各技术状态项目和各保障资源产品开展保障性系统工程工作的结果,是进行各技术状态项目保障性设计、试验和各保障资源产品生产、试验和交付的依据。

C 类规范不仅提出保障资源的品种和数量,还要提出对保障资源的功能和研制、生产和验收方面的规范要求,是详细制定保障工作规划的结果,例如保障资源的提交形式及状态要求。为了保证保障资源的生产建造和交付,根据需要可制定更低产品层次的规范要求,例如设施建造和验收规范、保障设备研制和试验规范、技术手册编制规范、训练设备和训练规范等。

C 类规范必须具体到每一产品和各项保障资源。对每一产品的保障性设计特性要求必须分配到每个设计工程师,要求他们在产品设计时落实,因此,C 类规范必须写入型号研制项目的产品规范,否则保障性工作得不到落实。

C 类规范是产品层次的规范,是由上一层次产品分配下来的,这项工作通常由设计单位负责完成并予以保证,用户通常只对关键产品和重要产品(通常称为关重件)给予关注,产品可靠性、维修性等设计特性要求可以通过试验和验证得以考核。但是，对于保障资源的研制、生产和交付相对复杂，需要什么、需要多少等应当由设计单位提出，哪些保障资源需要由谁研制、生产，交付多少等都必须由用户决策。因此，用户必须对保障资源规划结果进行决策，否则就不可能与主装备同步考核和交付。

按照我国目前的做法，军方只控制研制综合论证中形成的《航空装备研制总要求》，而不对更低层次产品提出要求，由设计单位自行分配。这样就造成了对产品层次的保障性设计控制不力、对保障资源考虑不周。美军从任务能力角度提出了 ICD、CDD、CPD 三个阶段的要求，就相当于保障性的 A 类规范、B 类规范和 C 类规范，当然 ICD、CDD、CPD 要求的内容更宽泛，还包括作战能力、部署、进度等方面的要求。由于对航空装备研制要求控制的"粒度"太粗，在有些航空装备研制中，都快定型了，《航空装备研制总要求》还没有批复下来，因而提出的要求起不到控制设计的目的。

航空装备各类保障性技术规范需要得到装备要求提出部门、装备研制部门和装备试验部门的协调并最终达成一致意见，否则需要进一步协调，直至达成一致意见。按照国外的做法，这三个部门之间达成一致意见后，需要联合签署一份备忘录，以保证使用要求的实现，并且明确各部门各自应担负的责任。

由于我国实行航空装备定型制度，航空装备达到定型要求，完成定型，通常标志着承制单位完成研制任务。实际上航空装备定型后到装备真正形成保障能力和作战能力，还有一个很长的过程，装备定型时达到的要求与实际部队使用差距比较大，通常要比部队使用考核达到的要求高。这个差别是由考核条件不同造成的，也有制定技术规范时对用户使用要求理解、转化不当产生的，转化能力是由设计单位的经验和设计能力决定的，由于缺乏数据积累，缺乏设计经验，这时按转换后的技术规范进行产品设计往往达不到用户提出的使用要求。当然这个差距还与生产能力、试验能力和质量管理能力有关。此外还与相配套的保障系统有关，由于定型时只对装备进行定型，没有对保障资源（保障系统）进行定型，因此最终达不到保障性使用要求，装备也就长期形不成战斗力。

保障性目标要求和保障性技术规范的内容很多，是由装备论证和研制工作制定的，确定要求本身就是一项系统工程，它必须与作战、装备、试验、训练、设计生产和使用保障部门协调解决。这是一个由粗到细的过程，随着装备研制的进展，从立项综合论证初期的目标要求不断完善到研制总要求论证时形成设计特性要求、保障资源要求等技术规范（B 类规范），再由 B 类规范分解、细化成更低产品层次的技术规范（C 类规范），这些技术规范之间互有影响，也须不断改进与协调。技术规范中有些需要拟定量化指标，有些则为约束条件，有些则为工作规划要求。约束条件可能是量化指标，也可能是控制的范围或规定的工作过程。资源规划要求提出了应提供的成套保障资源类别、数量、功能与保障性能，以及资源接收批量、经培训后使用和保障人员达到规定的技术水平要求，等等。在航空装备论证和研制过程中，保障性目标要求和技术规范的演变过程和相互关系如图 2-1 所示。

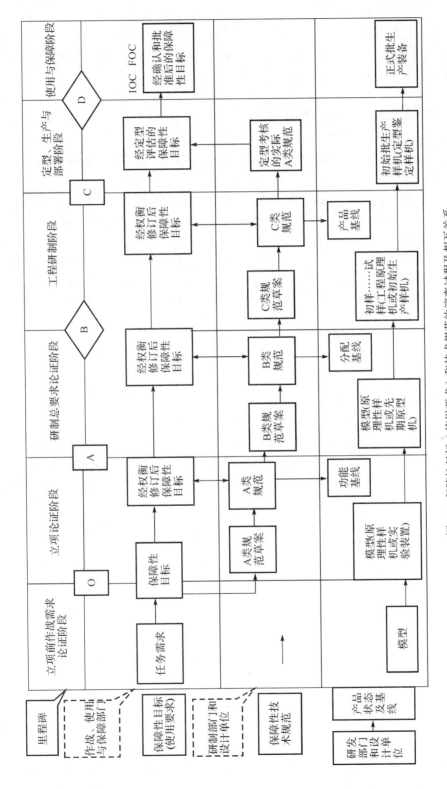

图2-1　保障性目标（使用要求）和技术规范的演变过程及相互关系

O—立项；A、B、C、D—转阶段评审阶段决策点；IOC—初步作战能力；FOC—全面作战能力

2.1.4 保障性技术规范关系举例

保障系统的重要性最近几年才得到人们的重视,保障系统的性能对航空装备的战备完好性有重大影响。据某项研究表明,保障系统造成的保障延误时间是总的修复性维修时间的三倍,因此,提高保障系统的性能是提高航空装备战备完好性的重要手段。

保障性技术规范是有上下层次关系的,首先是保障性目标和系统层次的技术要求(A 类规范),其次是分系统层次的技术要求(B 类规范),然后才是产品层次和资源层次的详细技术要求(C 类规范),显然 A 类规范、B 类规范和 C 类规范包括装备设计特性和保障资源规划要求两个方面。在这些要求分析或优化中,权衡与协调是非常必要的,最终形成一套完整且相互关联的要求。

下面以与保障系统有关的平均保障延误时间问题,来说明它们之间的关系。

保障系统的能力,反映了装备在需要保障时,提供保障的能力,如果用时间来衡量,则可用从提出保障需求到航空装备恢复到可使用状态的时间长度来度量,这个时间长短是对保障系统能力的度量。保障需求包括维修、出动准备、供应资源等方面。要分析保障系统对战备完好性的影响,就必须建立系统战备完好性的模型,比较常用的和公认的是使用可用度,见式(2-1)。

$$A_0 = \frac{T_0 + T_{ST}}{T_0 + T_{ST} + T_{PM} + T_{CM} + T_{ALD}} \tag{2-1}$$

式中:T_0—— 使用时间;

T_{ST}—— 待机时间;

T_{CM}—— 修复性维修时间;

T_{PM}—— 预防性维修时间;

T_{ALD}—— 管理和保障延误时间。

由式(2-1)可以看出,要保证达到 A_0,必须从航空装备的可靠性、维修性、测试性等设计上和保障系统的设计上着手解决问题(B 类规范和 C 类规范)。为了进行航空装备的 A_0 设计和分析,以及在 A_0 的设计分析中,当 A_0 不足时能分析其原因,寻找解决途径,必须建立 A_0 与能工作时间和不能工作时间的各种影响因素之间的量化关系,并区分可控因素和不可控因素。假设不计待机时间,而且航空装备的停机都是由于需要维修造成,式(2-1)的右边上下同除以维修次数(包括修复性维修和预防性维修),可得

$$A_0 = \frac{T_{BM}}{T_{BM} + \overline{M} + T_{MLD}} \tag{2-2}$$

式中:T_{BM}—— 平均维修间隔时间;

$\overline{M}$—— 平均维修时间;

T_{MLD}—— 平均保障延误时间。

在实际分析中,造成航空装备不能工作的因素很多,不能只考虑故障,而需要考虑引起保障需求的所有事件,例如保养、任务变化时的技术状态重构、安装或拆除、地面或船上装卸、发射活动等非可靠性和维修性活动。发生这些事件时,航空装备本身可能并没有故障,但需要停机,需要保障。因此式(2-1)实际上只能用于现场的近似统计,而不能真正反映航空装备的实际情况。如果想反映实际情况,必须统计所有的停机事件。而由式(2-1)变换成式(2-2)更是为了便于分析,使问题简化。

由式(2-2)可以看出，T_{BM} 越大越好，可以通过控制故障和预防性维修频度来达到；$\overline{M}$ 越小越好，可以通过控制修复性维修和预防维修时间来达到；T_{MLD} 越小越好，如何控制 T_{MLD} 呢？

平均保障延误时间(T_{MLD})影响因素很多，有管理上的，也有技术上的。管理方面的主要因素有管理体制、人员业务水平、管理水平等，只能通过改进部队管理来解决。主要措施是提高管理手段，建立规章制度，加强培训和强化管理。技术上的原因主要是保障资源的确定是否科学合理，保障机构设置是否合理，保障资源是否匹配等方面。保障资源延误时间涉及各类保障资源，主要影响因素有备件、保障设备、技术资料、技术人员等。在这些因素中，影响最大、最难于控制的因素就是备件问题。除了备件外，其它因素如果在设计中提出要求，并加以控制，可以使其达到最小。可采用比例系数法确定其它保障资源延误时间的计算问题，即有

$$T_{MLD} = (1 + \alpha) T_S \tag{2-3}$$

式中：α—— 除备件外其它保障资源延误时间占备件平均延误时间的百分比，统计表明某类航空装备其它保障资源延误时间占备件平均延误时间的比例约为 15%；

T_S—— 备件平均延误时间。

T_S 与维修时是否需用维修备件和需要维修备件所需要的平均供应反应时间(T_{MSR})有关，即

$$T_S = \beta T_{MSR} \tag{2-4}$$

式中：β 是由设计人员根据经验数据确定的一个估计值，通常对于非电设备来说为 60%，对于电子产品来说为 85%。

T_{MSR} 由两部分组成：一部分是维修时维修点的仓库提供备件的延误时间，另一部分是本维修点无货而需要向上级申请备件的延误时间。T_{MSR} 可用下式计算：

$$T_{MSR} = pT_1 + (1 - p)T_2 \tag{2-5}$$

式中：p—— 维修点有维修零件所占总需求的百分数(通常称为基层级的备件满足率)；

T_1—— 维修点延误时间；

T_2—— 维修点外延误(又称平均申请反应时间(T_{MRR}))；

"维修点有维修零件所占总需求的百分数"和"需要从上级获取维修零件的百分数($1-p$)"决定于器材的配备标准及其供应保障的程度。据国外经验统计，携带备品的配备标准，对非电子设备来说为 65%，即"维修点有维修零件所占百分数"为 65%。携带备品的供应不可能 100% 满足需求，根据美海军的经验，其基层级备件供应保障程度一般要求不低于 95%。

"维修点延误时间"是指维修人员为取得维修零件，在查找和发放等方面引起延误时间的平均值，美海军通常为 2 h。

"维修点外延误"是指维修人员为取得维修点外维修零件，从提出申请、供应系统接到申请至维修点接收备件引起延误时间的平均值。根据美海军的现行供应体制为 126 h。具体包括以下 6 项：

(1)申请报告时间；

(2)确定零件是否可提供的时间；

(3)如果零件是可提供的，则有批准、找出和包装时间；

(4)如果零件是不可提供的，则有外购或外修的时间；

(5)将零件运至维修点的时间；

(6)维修点承接和领取的时间。

目前,美国国防部的文件中提出了平均用户等待时间(ACWT)或保障响应时间的概念〔相当于平均供应反应时间(MSRT)〕。平均用户等待时间最先在美海军使用,在美国海军作战部指示 OPNAVINST 4441.12C 和 OPNAVINST 4442.5 中规定 ACWT 是一个性能度量,综合反映了供应系统对全部用户要求反应时间,是指从提出器材需求到用户接收到该器材的时间。在美国国防部颁布的《2000 年国防部后勤战略计划》中,将用户等待时间(CWT)作为国防部的关键性能参数,要求进一步细化定义,制定适合的度量方法并加以实施。在 2001 年国防部指示(DODI)5000.2《国防采办系统的运行》4.7.4"持续保障"中规定,必须建立用户等待时间(CWT)度量参数,作为评估供应系统的关键参数。

延误时间的计算问题非常复杂,受很多因素的影响,主要与部队的保障体系有关,为了保证航空装备战备完好性的实现,除提出保障资源的定性(保障资源的设计原则等)和定量要求(如备件满足率等)外,还必须从装备用户的角度,以费用为约束,综合权衡,优化保障系统,才能取得较好的效果。为了减少航空装备对保障系统的依赖,降低保障负担,就必须从根本上提高航空装备的可靠性和维修性,并且实现它们之间的最佳匹配,因此最近美国空军提出了超高可靠性概念,从设计上解决航空装备基本上不出故障的问题,但他们也同时指出:"由于现有装备的可靠性和维修性不够高,美国空军仍然需要把备件作为保持战备完好性的手段,这种方法在解决了装备战备完好性的同时,也导致了费用提高和其它一些问题。尽管如此,由于提高装备战备完好性的途径非常有限,备件在相当长一段时间内仍是维持战备完好性的最有效手段。"

由上述分析也可看出,影响保障延误时间的管理因素和技术因素在实际工作中难以区分,需要在实际工作中积累大量的统计数据,才能确定造成延误的各种影响因素。美国空军在空军指示 AFI21-103 装备状况、实力统计指示中,规定了造成各种延误的编码,并给出了统计方法,通过这些数据就可以估算出飞机的战备完好性水平,这一做法值得我们借鉴。

2.2 航空装备立项综合论证和研制总要求论证中的保障性要求

按照《装备条例》的有关规定,装备论证包括《装备立项综合论证》和《装备研制总要求论证》。对于装备保障性系统工程来说,最为关键的是将保障性要求纳入两项论证工作中,即分别纳入《装备立项综合论证》和《装备研制总要求论证》。

2.2.1 航空装备立项综合论证中的保障性要求

任务需求明确后,在航空装备论证工作开始时,订购方应通过使用研究和现有类似装备或基准比较系统地对比分析,从作战使用角度先提出保障性目标和使用要求。此时的保障性使用要求应是较为综合、较为宏观、较为概括的,主要包括装备系统层次的顶层要求。

这个阶段工作的结果应当形成论证报告,报告中应给出保障性目标要求和 A 类保障性技术规范确定的过程和理由,经评审确认后,应纳入《航空装备立项综合论证报告》。

在《航空装备立项综合论证报告》中除了所列的 9 项内容外,还应当列入以下保障性要求:

(1)作战使用任务需求;

（2）使用方案和任务剖面；

（3）初始保障方案；

（4）保障性目标和使用要求（含保障资源规划要求和约束）；

（5）A 类保障性技术规范（含保障资源规划要求和约束）；

（6）寿命周期费用初步分析结论和保障资源研制费用概算；

（7）初步估计的形成初始作战能力和保障能力的时间和状态。

对于立项综合论证时提出的使用要求和 A 类规范要求，应当进行可验证性分析，确定验证或评估的条件，通过验证或评估来判断是否达到任务能力要求。

2.2.2　航空装备研制总要求论证中的保障性要求

随着航空装备设计方案和保障方案的不断明确，应当将 A 类规范转换或转化为 B 类规范。转换技术包括通过转换公式正式转换，或根据合同关于时间和故障的定义，运用系统工程方法转换，或按照经费预算能够支撑多高的保障性水平，还可以通过咨询方式让承制单位承诺最多能达到多高的保障性水平。要求转换成功与否，与设计单位的经验和能力有直接关系。

通过上述过程的大量分析权衡后，在方案阶段结束时应当确定 B 类，这时的保障性技术规范是通过作战使用方案、设计方案和保障方案权衡的结果。内容应该是完整的、更加细化且相互协调匹配的，是子系统和关键产品层次的技术要求，包括对保障系统和资源的要求。该阶段的论证过程和结果应当编制论证报告，并将有关要求纳入《航空装备研制总要求综合论证报告》或作为其附件。

在《航空装备研制总要求综合论证报告》中除了原来规定的 8 项内容外，还应当列入以下保障性要求：

（1）作战使命与任务；

（2）使用方案和设计参照任务剖面（修订后的）；

（3）保障方案；

（4）修订后的保障性目标和使用要求；

（5）B 类规范；

（6）寿命周期费用分析结论和保障系统建立费用估算；

（7）最终确定的形成初始保障能力和全面保障能力的时间和状态。

在确定保障性技术规范过程中，应当反复进行可验证性分析。经过分析明确需要验证的参数、验证的时机、验证的条件、验证的方法和试验时必须记录的数据。

对于不能或不适宜用统计方案验证的参数，包括小子样的参数，应提出进行验证性分析、评估的要求，对于某些不具备统计试验条件的也可提出采用试验演示、仿真试验、分析评估等形式进行评估的要求。

严格地讲，在 B 类规范和 C 类规范考核验证合格后，才能进行 A 类规范的验证和考核，A 类规范满足要求后并达到了保障性目标要求，才能定型或交付部队使用，但根据目前的实际情况，有些 A 类规范在定型时很难准确验证。在提出各类规范要求时，需要同时提出验证或考核条件，因此，合同中的某些参数值可以是接近使用环境的使用要求，这些要求在双方约定的条件下进行验证或考核，这个条件就不是严格意义上的使用条件，也不是理想的使用条件。试验是在承制单位的人员协助下进行的，但是只要能考核，能够说明问题，也可以考虑。例如，关于飞机平均故障间隔时间的考核问题，在定型时，按约定用 3 架样机飞行 1000 h，把故障判断准则也定下来,就可以估算出平均故障间隔时间这个估算值,这个估算值也具有实际意义。如果这种试验放在部队,由部队人员驾驶和保障,按部队的训练作战条件使用,可能计算的参数值要比定型时小得多。这样可以通过对比,找出相互关联系数,就可以初步判断该航空装备是否满足装备的使用要求。因此,合同条件是约定条件,而不是理想条件,也不是真实的使用条件。当然要准确判断航空装备是否满足作战使用需求,就不能只看研制试验达到的指标,而必须进行使用试验与评价,将航空装备放在已建成的保障系统中进行考核,才能真正考核出航空装备在使用条件下达到的能力。保障性定性要求应当内涵明确,评估方法在试验中是可操作的,评估结果是可比较的。

2.2.3 航空装备工程研制阶段的保障性要求

在航空装备方案阶段结束前,确定的 B 类规范主要是分系统和技术状态项目的保障性技术要求,这些技术要求总体上来说层次比较高。进行工程研制阶段,进行大规模产品设计和开发,较低层次产品都要在这个阶段完成设计,因此在这个阶段要完成产品的保障性设计特性的设计工作,保证各层次组成产品满足可靠性、维修性等设计特性的要求。同时,进行各个层次产品的保障资源规划工作,制定保障工作规划,确定各项保障资源需求,形成优化的保障资源要求清单,形成保障资源技术规范,包括保障资源的品种、数量、功能、性能、接口等方面的要求。形成的这些详细要求,应当保证按照这些技术规范要求,能够生产出或建造成合格的硬件、软件、设施及保障资源,并保证能够组装成符合技术规范要求的系统和建成保障系统。在工程研制阶段结束时,经过评审产品技术状态和物理状态最后确定,形成了 C 类规范。这些技术规范成为产品保障性设计特性试验与评价的依据,成为保障资源生产、试验和验收的依据。

作为复杂的武器装备,各分系统、设备、单元、零部件都是由不同的厂家生产制造的。作为保障性系统工程,应当将高层次产品的保障性技术规范逐步分配分解到下一层次产品,对重要的分系统、设备、部件分别提出保障性要求,包括所需的保障资源要求,并通过保障性系统工程的工作,做好综合、协调和权衡工作,保证各项资源相互协调匹配,保证各项资源与装备设计匹配,最终减少保障资源的品种和数量。保障性系统工程人员与设计工程师合作,建议并协助合并这些要求。另外,在每次设计评审、工程试验和最终产品验收时,保障性应当作为一个重要问题被关注,并作为这些工作的一个重要组成部分。因此,对于分系统、设备和关键产品,应当分别制定保障性技术规范,并经过评审。研制总体对下层分承制单位要提出要求,一级保一级,最终才能实现保障性目标。

为控制最终产品的质量,必须对机械零部件、软件、电子元器件等基础产品进行质量控制,特别是可靠性设计,控制了这些产品的可靠性,也就控制了更高层次产品的可靠性。为了保证更高层次产品的维修性,这个阶段的维修性设计工作应当发挥作用。与此同时,经过大量的保障性分析工作,也确定了各项保障资源的详细技术要求,为部署时同步部署保障资源打下良好的基础。所以,低层次产品的保障性设计和保障资源的规划工作是非常重要的,应当加强控制,确保各层次产品保障性技术规范的实现。

提出的保障性技术规范,是设计上可以控制和实现的技术要求。技术规范确定的过程实际上应该是怎样才能把用户对可保障的装备的愿望(需求)转化成技术上可实现的要求。表 2-4 给出了要求的示例,左右两部分说明了对同一项要求,两种不同的表现形式。表右边说明了将表左边提出的愿望重新表述为清晰的可度量的设计目标。在提出要求时,不要使用

"最小化"和"最大化"这样的说法,因为它们是主观的、不能明确定义的。而"不得""必须"这类说法则很好度量,并且为最终实现提供了明确的根据。对上述设计目标的审查表明:尽管有许多目标实际上难以达到,但它们却为系统工程确立了为之奋斗的目标。保障性系统工程有责任帮助用户完善上述目标,并参与系统工程来实现这些目标。

表 2 - 4　B 类规范和 C 类规范两种不同的表现形式示例

最初提出的要求	最终提出的要求示例
易于维修	故障检测 100％ 准确
维修经济有效	故障排除程序没有差错
维修安全	100％ 准确地将故障隔离到单一故障部件
对人员的要求最低	机内测试(BIT)/机内测试设备(BITE)
最大限度利用现有人员	100％ 覆盖故障模式影响及危害性分析(FMECA)
对测试设备的要求最低	的故障模式
最大限度利用现有工具和保障设备	对每一项故障隔离结果都有备件
对新资源的要求最低备件	无须拆除其它部件就可接近所有部件
最大限度利用现有设施	模块化设计
最大限度利用标准零件	所有可更换部件均用系留紧固件固定
装运或运输准备快速	所有连接件均用不同颜色标记
用标准模式运输	按分解的逆序组装
与现有保障体系接口	用诊断测试进行修理检验
	产品设计中不得使用有害材料
	维修中不得使用有害材料
	消除对维修人员的一切危害
	不得超过现有人员数量
	不得超过规定的每使用小时的维修工时
	不得超过规定的每项维修活动的维修工时
	不使用测试设备
	只能利用当前现有的工具和保障设备
	只能利用当前现有的设施
	只能利用符合公认标准的零件
	无须进行预先运输准备
	利用现行的运输模式
	利用现有的保障体系(除非技术变更证明不适用)

2.3　保障性要求确定过程和方法

本节结合保障性的内涵、保障性要求的特点来阐述保障性要求确定的过程以及确定过程中的有关问题。

制定保障性要求是一项复杂的综合分析和统筹协调的工作,保障性要求的确定要经历一个从初定到确定的细化、分解、转换并权衡的优化过程,也是一个反复迭代的过程,逐步形成 A 类规范、B 类规范和 C 类规范,同时不断评估保障性目标和使用要求的实现情况。结合我国航空装备研制程序,图 2 - 2 给出了保障性要求确定过程流程图。

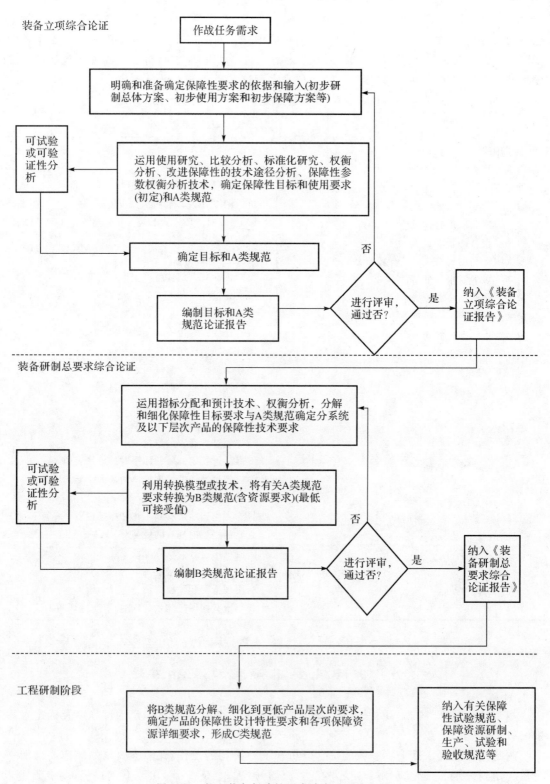

装备立项综合论证

作战任务需求

明确和准备确定保障性要求的依据和输入(初步研制总体方案、初步使用方案和初步保障方案等)

可试验或可验证性分析

运用使用研究、比较分析、标准化研究、权衡分析、改进保障性的技术途径分析、保障性参数权衡分析技术,确定保障性目标和使用要求(初定)和A类规范

确定目标和A类规范

编制目标和A类规范论证报告

进行评审,通过否?

否

是

纳入《装备立项综合论证报告》

装备研制总要求综合论证

运用指标分配和预计技术、权衡分析,分解和细化保障性目标要求与A类规范确定分系统及以下层次产品的保障性技术要求

可试验或可验证性分析

利用转换模型或技术,将有关A类规范要求转换为B类规范(含资源要求)(最低可接受值)

编制B类规范论证报告

进行评审,通过否?

否

是

纳入《装备研制总要求综合论证报告》

工程研制阶段

将B类规范分解、细化到更低产品层次的要求,确定产品的保障性设计特性要求和各项保障资源详细要求,形成C类规范

纳入有关保障性试验规范、保障资源研制、生产、试验和验收规范等

图2-2 航空装备保障性要求确定过程流程图

所确定的各类保障性技术规范必须符合下列原则：

（1）保证能够反映保障性目标的需要；

（2）装备结构不同层次上的各类保障性技术规范确定时都应有明确的根据（输入）和作用（输出）；

（3）保证各类保障性技术规范可以实现，可以追踪和可以检验；

（4）能够实现性能、人员、费用与进度的统筹协调。

2.3.1　必要的准备和条件

在确定保障性要求时，需要进行使用研究工作，收集输入信息，这是确定要求的基础，输入信息包括但不局限于以下信息：

（1）航空装备研制初步总体方案和使用性能。

（2）航空装备的作战任务需求和使用方案，包括典型作战任务、训练任务和特殊任务，典型任务剖面事件组成、频度及持续时间，编制装备数量、部署地域和列装计划，使用强度或频率（每年的使用时间、距离、体积、事件）、使用人员数量，使用环境条件等，从中掌握任务所需的保障需求。特别是在航空装备论证时，必须尽可能地细化航空装备使用方案的信息，对航空装备执行任务的过程、流程、步骤、所遇到的情况表述清楚。

（3）故障判据或判断准则。

（4）收集类似航空装备保障系统的详细资料，最好建立已有航空装备保障数据库，包括故障数据、维修数据、资源保证、人力、保障费用等，以便比较分析。

（5）部队在类似航空装备使用与保障中成功的经验和存在的问题（包括提高战备完好性、精简保障规模、节约经费和能源，以及使用维修技术的改进案例），以及预计解决的方法，以便改进。

（6）有试验部门参与或需要试验工作验证其可行性。

（7）已有类似航空装备在保障系统运行中所必需的组织措施，信息网络建设等。

（8）国外航空装备保障性论证的有关资料。

（9）新的保障技术与管理知识等。

2.3.2　航空装备使用研究

上述已经提到保障性是为作战使用服务的，其要求要从作战使用导出。

制定保障性要求必须首先研究作战的任务能力，任务能力是多种多样的，可以制定典型的一种或几种任务能力。例如，军机的训练任务就与作战任务不相同，因此在对保障性要求时就应分别制定。训练是一种使用模式，在研究时先要明确训练任务要求，包括一个建制单位所需训练飞机数量、训练日历时间、不同训练内容。要训练计划的实施，更要研究这些训练任务中要求飞机所具备的任务能力或飞机在训练期间的可用程度。这项可用程度就是保障性目标之一。可以用使用可用度或训练装备完好率表达，当然要有严格规范的定义和统计方法。由此可知，使用研究方必须将任务需求用实际的数据和文字详细表达，它是确定保障性要求的最重要根据，这项工作的输出可为下一步提供输入。确定与装备预定用途有关的保障性因素，为确定保障性约束和分析备选保障方案提供依据。

使用研究的主要内容如下：

（1）与总体论证相协调，根据航空装备的任务范围，以及航空装备研制初步总体方案、使用方案和初始保障方案提供的信息，建立装备构成、任务（平时和战时）与战备完好性和任务可靠性等参数之间的量化关系。

（2）通过查阅资料和部队调查收集战时和平时与确定保障性要求有关的使用数据。这些数据至少包括航空装备平时战备训练的使用强度与持续时间，装备预期的使用寿命，有关人力和人员的限制，主要作战任务的任务频率与持续时间，战场损伤的概率、战斗损伤和自损（可靠性问题）的比例，战场损伤等级划分、战场抢修的范围、各级战场损伤的修复时间（或工时），两次战役间允许用于抢修装备的时间间隔，现有的战时抢救抢修能力，现役装备部署机动能力，等等。

（3）在项目早期缺乏所需的可用信息时，可利用相关信息做出必要的假设，也可通过专家调查法（德尔菲法）、仿真和作战对抗模拟等方法获取必要的信息。

2.3.3 比较分析

通常情况下，新研制的航空装备不可能是全新的，大部分都是从现役航空装备改型或改进而来的，也就是说新型研制装备相对于现役装备具有一定的继承性。继承性包括许多方面，包括装备设计上与上一代的设计的继承性（设计继承性）、装备保障规划与上一代的继承性（保障方案继承性）和部队现有保障组织和机构编制必要的继承性（保障系统继承性），这些都是比较分析应当考虑的重要问题。

航空装备改进型是常有的。很多新型研制航空装备与老型号在功能结构和设计上有不少的继承性，或者新型号的改进仅仅是某一部分，大部分仍沿用老型号的设计。这种情况下，保障性的各项要求就可以比较多地选用老型号的相关内容，这时需要考虑的是，新型研制航空装备的保障方案沿用老方案，不应排除新技术的应用，也就是说必须重视新技术对方案的影响。最好做一个综合类保障方案（特别是改进部分）的分析，以确定要素方案的优化。

比较分析解决的问题主要有两方面：一是选择比较系统；二是确定比较系统的数据库，以便确定新型研制航空装备的保障性参数和指标要求。比较分析的主要内容如下。

1.确定基准比较系统

选定最能代表新型研制航空装备特性的一种同类现役装备或由几种现役装备的分系统、部件组成的合成体，都可作为基准比较系统，基准比较系统的组成部分都可称为比较系统。

从可行性的角度，利用比较系统的保障性数据，分析确定新型研制装备的保障性要求。分析影响比较系统的战备完好性、寿命周期费用等的关键因素。分析比较系统在结构、功能、保障方面存在的缺陷，确定新型研制装备在改进这些缺陷方面的可行性。

针对比较系统存在的不足与缺陷问题，包括保障资源与主装备的匹配问题，维修等级的划分，预防性维修间隔期和预防性维修的范围、故障诊断与测试系统等存在的问题，形成保障能力的薄弱环节等，提出有关的保障性定性要求。

保障性系统工程利用特性功能框图，搜寻与新型研制航空装备有相同或相似特性功能的现有装备。选择用于分析的比较系统的原则列在表2-5中。应先将新型研制装备的改进型号与原装备相比较来确定比较系统。

表 2 - 5 比较系统的选择原则

比较系统的选择原则	比较系统特性功能必须与新型研制装备类似
	比较系统必须是当前使用的装备
	比较系统使用环境必须接近新型研制装备的使用环境
	比较系统必须有充分的使用记录来提供可靠的保障要求
	比较系统保障环境必须与现有的环境类似或是能够适用于新型研制装备
	可以利用成熟的不同装备的分系统组成一个比较系统

比较分析是针对所选定的可比系统进行,分析有两个方面:定义比较系统的保障要求,明确关键的保障性和保障问题。下一步是确定在每个场所完成的保障能力。根据装备的使用和保持装备在使用状态的需求来生成装备的保障要求。

采用比较系统的平均故障间隔时间(MTBF)可以比较容易理解该方法。例如,要求一个比较系统的 MTBF 要达到 1000 h,但在实际使用中,它只能达到 700 h,这是一项值得观察的事情,数据本身不能提供任何答案,只能是更多的问题。第一个问题应是:"装备是在设计的约束范围内使用吗?"如果装备的使用超出了设计时预期的使用剖面或使用环境,那么要求的和实际的 MTBF 之间的不同就有可能是由于这个问题引起的,这是一个值得深入研究的问题。比较系统的使用者可能使用了超出预期数量的保障资源,并认为这大量的资源是十分必要的。这是事实,但引起资源增加的原因是装备使用情况的不同,而不是资源数量的不足。如果比较系统只是在它设计的条件下使用,那么这时就有一个可靠性设计的问题。相反地,如果要求的 MTBF 是 1000 h,而装备实际达到了 2000 h,这时也需要研究,即装备的使用是根据其设计最大程度被充分使用吗? 或是在一个很少严酷环境的剖面中使用?

一个例子就是一辆卡车是按在很差的非标准公路路面上行驶设计的,而实际中卡车只在高速公路上行驶。如果这是事实,那么该装备可能是过剩的设计。然而,一个重要的问题是:装备的保障基础设施是建立在 MTBF 为 1000 h 的基础上,但装备的故障率只是原来的一半。资金和资源都浪费在建立过于夸大和没有得到充分利用的保障资源包上。这个实际问题一定不能存在于新型研制装备中。

对这类分析所用的每一条基本信息都应进行相似比较。统计诸如平均修理时间(MTTR)、故障检测与隔离率、故障虚警率、每工作小时的平均工时、每次维修活动的平均工时(MLH/MA)、使用可用度、备件平均费用、每次维修活动的平均费用和行政与后勤延误时间(ALDT)等参数,将为分析了解比较系统的保障基础设施的成功和失败之处提供有用的信息。

要获得进行比较分析所需的全部信息是很困难的,因此,对于那些不能获得的信息,特别是新设计的功能分系统的信息必须采用一些合理的假设作为输入。做这些工作最好的方法是确定合理的可能的统计范围,一旦建立了初始的模型包括专家评定模型,将在该范围内进行灵敏度分析。在装备要求研究中必须对所有的假设做文档记录,以便于所有机构进行分析时有同样的基础数据,从而保持不同工程专业领域结果的一致性。

比较分析的目的是明确在新型研制装备研制中必须要考虑的重要问题。比较分析不是以解决新型研制装备的所有问题为目的,它的目的是突出那些对成功或失败影响最大的因素,有时也称它们为关键因素。比较分析总是从新型研制装备级开展,也就是制定规范的那一级别。

也可在相似装备上对新型研制装备中的单独分系统和组件做比较分析,这就需要根据经验和专家分析进行,有时还应做些试验。比较分析的结果应按以下三种类型来描述:

(1)影响保障性的设计特性;

(2)保障资源充足程度与限制;

(3)保障资源要求和利用。这些将成为新型研制装备保障性系统工程的焦点。

2.建立比较系统数据库

保障数据库的建立是保障性系统工程的一项基础建设,我国在这方面尚未完善。应考虑下述问题:

(1)保障数据库结构是建库重要内容。建立保障数据采用什么结构,主要考虑便于保障性分析工作并与装备的其它数据库(如产品数据库、设计数据库)相对接和协调。目前,国外保障数据库种类繁多,大体上可分为故障数据库、综合保障要素数据库、保障性分析数据库(含有保障性分析记录)、保障费用数据库等。同时更要明确所得数据的根据、统计环境和研制阶段。

(2)数据库采用软件的模式。

(3)数据库的更新问题。

2.3.4 标准化要求

任何一种工程、产品和工艺技术都有标准化方面的要求,因为它是规范重复性事物和工程技术活动,达到有序、高效和低耗的重要方法之一。通常标准化分析的基本方法有4种:一是简化,即消除不必要重复、复杂化和混乱现象;二是统一使同类或同功能事物,归并或限制在一类或一定范围之内;三是协调,即任何一项标准都是该事物标准体系中加一个功能单元,它应考虑内部标准之间的相互适应,又要考虑事物系统中各组成部分或相关因素之间的协调有序;四是优化,即对标准体系的构成及相互关系进行选择与调整,使之达到更好的有序、高效和低耗。

在保障性系统工程中,制定保障性要求同样需用标准化分析的方法来规范装备保障性设计和保障系统设计,以支持保障性目标的各项要求的实现。

1.装备可靠性和维修性设计

在可靠性设计中有简化设计、采用可靠性成熟设计等方法都可作为标准化要求。因为除了功能必需的要求外,复杂的结构引起不可靠的因素越多,可靠性成熟的设计如功能相同有时比重新设计新的结构要更可靠,虽然新设计有某些特点,也就是说并非每项设计都要重新研制,利用已有的可靠性高的零部件或可靠性的子系统是最有效的可行性设计。

在维修性设计中标准化要求极为重要。当前各类装备中电子设备越来越多,模块化的产品结构和集成电路设计专业化,这就要求标准化的模块组合界面结构尺寸和精度具有较高的互换性,要求不同生产厂家设计的外部和内部的接口尺寸相互协调,电子设备模数网络就必须按标准化要求实施。此外,采用互换性、通用性的分系统、部件、可更换单元、零件并尽量减少其品种,是提高维修工作质量、减少停机时间、降低维修成本最有效的方法。在野战条件下该保障性要求应列为重中之重,也是实现战备完好性、作战持续性的有力保证。

2.装备保障资源的标准化

装备的保障资源十分复杂,涉及工具、测试设备、备件、包装、运输以及训练人员等。过多的数量与品种成为保障工作的累赘,对装备保障机动部署性很不利。如何简化缩小保障所需资源成为保障体系建设的重要课题。不统一的保障资源也不利于多种装备同时使用和保障,我们不能分别使用各自的工具和检测设备维修同类型装备及其部件,也不能培训大量的人员使用多种本来能够统一结构与功能的不同保障设备。因此在对保障资源的要求中必须有标准化的要求。

3.装备保障方案的标准化

保障方案的标准化最突出的表现是在一个建制部队使用多种装备时,在保障体系上的统一要求。例如维修级别的安排,如果没有特殊要求,尽可能统一,以便整个部队安排工作规划和保障人员的训练以及保障设备的利用,各种保障要素方案的优选中也要注意统一标准的工作。

4.软硬件标准化

对各种不同的硬件备选方案做调查,确定其可能的标准化途径。这可能包括宁可采用具有多种用途的通用电源或泵,而不是采用几种不同的产品来执行相同的功能。整个装备采用标准品位等级的材料可以降低生产的成本。采用具有统一公差配合的产品是非常值得的,例如装备中所有的电路插板应当是统一型号的,那么任何一种电路插板就可以采用一套修理程序进行拆卸和更换。装备应当设计成使任务关键单元容易接近。标准的通道盖板和表盘面板有利于缩短维修时间。当在某装备的不同侧面安装类似的产品时,如飞机上的发动机,安装在右侧的和安装在左侧的应当完全一样。这样只需提供一样的检测和维修程序及一样的保障资源。但强调一下,保障资源中的软件标准化的应用,如各类器材采购时为使集装箱和调配迅速准确必须统一编码功能,这项工作与产品设计时的编码也应一致。

2.3.5　改进保障性的技术途径

有许多新的技术可以提高装备的保障性,提高保障体系的效能或效率,特别是信息技术、射频技术、状态监控技术等。因此,需要加强新技术的使用。改进保障性的技术途径应包括保障资源、保障系统管理、保障软件等方面的要求。

确定与评价从设计上改进新型研制装备保障性的技术途径。改进保障性的技术途径分析的内容主要有以下 4 项:

(1)现役同类装备影响战备完好性和任务可靠性的主导因素分析;

(2)拟定改进战备完好性、提高任务可靠性、降低费用等可能的技术途径;

(3)拟采用的新技术对装备保障性的影响分析;

(4)拟采用可以缩短不能工作时间的新的管理方法。

2.3.6　制定保障性目标应采用系统分析的方法

系统分析是一种研究方略,它能在不确定的情况下,确定问题的本质和起因,明确咨询目标,找出各种可行方案,并通过一定标准对这些方案进行比较,帮助决策者在复杂的问题和环境中做出科学抉择。

系统分析方法来源于系统科学。系统科学是 20 世纪 40 年代以后迅速发展起来的一个横跨各个学科的新兴学科,它从系统的着眼点或角度去考查和研究整个客观世界,为人类认识和改造世界提供了科学的理论和方法。它的产生和发展标志着人类的科学思维由主要以"实物为中心"逐渐过渡到以"系统为中心",是科学思维的一个划时代突破。

保障性目标要求是一个顶层的要求,它的制定过程就是一个系统工程,需要采用系统分析方法分析、权衡和综合来获得。应用的地方很多,主要可归纳为以下 4 项:

(1)任务分析。分析任务需求和装备过去保障性存在的不利于保证任务能力的关键因素,提出新任务的目标要求,如战备完好性主宰因素、改进保障性目标影响设计主导因素等。

(2)反复迭代。将保障性目标从顶层分配到装备下几层获得可实现的技术参数(由上到下)(B 类规范和 C 类规范),从装备系统部件的保障性要求(B 类规范和 C 类规范)综合归纳推导出装备的顶层保障性目标要求(由下到上),上下反复迭代获得目标要求,保证了其可行性。

(3)综合研究。论证初定保障方案需分析类似系统已有有效的保障方案,综合新型研制装备任务要求特点,结合部队现有实施保障方案的编制与条件予以制定。

(4)费用权衡。费用概算时需要首先分析类似系统影响保障费用关键因素,对关键保障资源效果与费用投入进行权衡,才能提出减低费用的合理目标。

在保障性目标和要求分解、分配过程中,需要反复进行以上系统分析。在装备立项综合论证时,主要提出的是保障性目标要求和 A 类规范,在装备研制总要求论证时提出的是 B 类规范和 C 类规范,这些规范要求是装备定型考核的最低可接受值。进行上述系统分析,主要是保证要求的可行性,保证提出的 B 类规范和 C 类规范满足保障性目标要求和 A 类规范要求。

装备设计达到的保障性水平是由设计能力、制造能力、试验能力和质量管理能力决定的,特别是受到设计单位经验和数据积累的影响,进行保障性设计不是进行数学运算,是要靠各部门的实际工作,因此保障性指标的转换实际上是考虑以上因素的结果。

2.4　制定保障性要求过程中应注意的若干问题

2.4.1　关于软件保障性要求的确定问题

过去软件含量相对较少,通常作为硬件的附属产品,没有引起足够的重视。随着计算机技术在航空装备中的广泛应用,软件在航空装备的含量越来越大,功能越来越强,软件保障问题越来越突出,可以说纯硬件的航空装备几乎不存在。

对于软件保障性问题,应当根据软件在航空装备中的含量和重要程度,予以区别对待。对于软件含量比较多的软件航空装备,硬件通常是比较成熟的民用现成产品,可靠性相对比较高,装备的保障性水平主要取决于软件,软件部分须单独研究,硬件部分可以选择质量比较好的现成产品,做好进货检验,并考虑好其备件的后续供应问题。对于软硬件比例相当的航空装备,将硬件和软件部分分开提出要求(例如雷达系统),在提出硬件部分要求时,可以不考虑软件部分;在提出软件部分要求时,可不考虑硬件部分。对于软件含量比较少的航空装备,可主要考虑硬件部分,软件部分可假定为完美(即 100% 正确),通过采用质量保证措施来保证软件的可靠性,例如软件代码走查、软件评测和软件开发单位能力评价等措施。对于软件来说,软件代码走查、软件评测和软件开发单位能力评价都是有效的。但是,不管软件含量多和少,都必须考虑其保障问题。在难以提出软件保障性的定量指标时,至少应当提出软件保障方案和软件保障资源要求。

对于软件保障和保障性问题,可以提出 B 类和 C 类软件保障性技术规范,按照软件保障性技术规范,实施软件配置管理,开发软件产品。

2.4.2　关于产品层次和保障性参数之间的相互关系

从联合作战的角度上讲,现代战备是体系对体系的对抗,产品的层次应从体系考虑起,将体系依次分解成装备系统、分系统、设备、部件、组件,直至零件级,不同的产品层次其保障性参数和指标是不一样的。

不管研制的航空装备多么复杂,产品层次如何多,都必须按照保障性系统工程的原理,从系统层次逐步细化或转化到较低产品层次,也就是从 A 类规范逐步到 B 类规范和 C 类规范,当然还可以多分几个层次,这要根据具体情况而定,主要是这几类规范之间相互协调和关联。各产品层次的保障性要求示例及说明见表 2-6。

表 2-6　各产品层次的保障性要求示例及说明

产品层次	保障性目标或要求举例(参数、指标、约束)	说　　明
装备体系	物理通用性(体系内); 可靠性; 硬件通用性—软件通用性; 接口; 物理相关性(与其它系统);维修性/模块化; 通用性和互用性; 技术状态管理	主要从构建装备体系的联合保障体系平台的角度,从减小保障规模的角度提出保障性要求
作战单元	战备完好性、保障作战持续性、保障机动部署性、经济可承受性、保障互用性等	从作战单元在装备体系内执行任务的能力和统一保障系统角度提出保障性要求
装备系统 (主装备＋保障系统)	使用可用度; 使用可靠性; 再次出动准备时间 任务设备重置时间 每使用单位时间的费用(反映维修性); 保障系统规模(品种、数量、体积等); 保障响应时间; 保障资源要求等	主要从使用角度,在装备系统层次上提出可度量的保障性的要求,同时从主装备和保障系统(包括保障资源)两方面提出要求
装备分系统	使用可用度(视能否独立使用而定); MTBF、MTTR、可靠度; 故障检测率(测试性); 故障隔离率(测试性); 保障资源要求等	主要从分系统能否独立使用的角度提出相关要求

续 表

产品层次	保障性目标或要求举例(参数、指标、约束)	说 明
设备	使用可用度(视能否独立使用而定); MTBF、MTTR、可靠度; 故障检测率(测试性); 故障隔离率(测试性); 平均拆装更换时间等; 保障资源要求等	根据设备的特点,按照上一级分配的保障性要求,主要考虑可靠性、维修性、测试性及保障资源方面的要求,特别需要考虑设备拆装更换时间要求
组件	MTBF、可靠度; 标准化、平均拆装更换时间等方面的要求	主要考虑其可靠性、更换方便性方面的要求
零件、元器件	MTBF、可靠度、标准化等方面的要求	主要提出可靠性方面的要求

2.4.3　关于保障性定性要求

严格地讲,保障性定性要求就是一些约束条件,大致可分为以下 3 种类型。

(1)与保障有关的定性设计要求,主要是指可靠性、维修性、运输性等方面的定性设计要求以及便于战场抢修、便于保障、便于使用等方面的使用保障设计和维修保障设计的要求,如便于安装和拆卸的防差错设计,采用模块化系列的设计要求,有关热设计、降额设计的定性要求,等等。在航空装备研制中可以通过编制设计准则或核对表,将这些定性要求纳入设计。与保障性有关的定性要求还应包括保障航空装备充填加挂所需的非量化的设计要求,如对燃油、润滑油类型的要求等。

(2)有关保障系统和保障资源的定性要求,这些定性要求反映了在规划保障时要考虑、要遵循的各种原则和约束条件。如对维修方案的各种考虑,包括维修级别及各维修级别任务的划分等就是对保障系统的定性要求。保障资源的定性要求主要是规划保障资源的原则和约束条件,这些原则取决于航空装备的使用与维修需求、经费、进度等。如保障设备的定性要求可包括尽量减少保障设备的品种和数量、尽量采用通用的标准化的保障设备、尽量采用现有的保障设备、采用综合测试设备等方面的具体要求。有时定性要求与约束条件没有明确的界限,比如维修人力和人员的约束条件就是人力和人员的定性要求。保障资源方面的定性要求必须涉及使用保障和维修保障所需要的所有资源。

(3)特殊保障要求,主要是指执行特殊任务或在特殊环境中执行任务对装备保障的特殊要求,如飞机在夜航时对设计和保障的特殊要求,装备在核生化等环境下使用时对设计和保障的要求,等等。

在确定保障资源定性要求时,应强调互用性要求,既要考虑同一类型装备不同环境下使用时对设计和保障的要求等互用性要求,又要考虑不同类型装备以及不同军兵种装备之间保障资源的互用性问题,因为互用性问题已成为制约装备进行联合作战的关键因素。

2.4.4　保障性参数的选择和应当注意的问题

(1)为满足任务需求,保障性目标必须作为首选要求,应尽可能减少参数的数量。

（2）不同任务需求选择不同的参数。例如，美国空军规定：出动架次率（SGR）为飞机战时的保障性顶层参数，能执行任务率（MC）为飞机平时的保障性顶层参数。

（3）考虑军种的惯例。例如，我国海军和美国海军规定使用可用度（A_0）为舰船装备战时与平时的保障性目标参数。美国空军对飞机一般不用 A_0。

（4）装备类型不同，选用的参数不同。例如，美国空军对飞机选用能执行任务率和出动架次率为平时和战时的保障性目标参数，对空间系统则选用 A_0 和可信度（D_0）为保障性目标参数。

（5）在选择参数时还应考虑类似装备通常使用的参数，以便对比分析，还应注意装备及其组成单元的特点，是电子类，还是机械类，以便选择适合的参数。

（6）在选择参数时，应注意参数之间的关系，保证参数选择的合理性和协调性。

（7）在选定参数时，必须同时给出其度量模型、验证时机与试验条件、故障定义等。

2.4.5　建模与仿真技术的应用

确定保障性要求是一项复杂而烦琐的工作，尤其是在论证和方案阶段，缺乏有用的数据支持，使确定要求的工作变得更加困难，采用建模与仿真技术，是一种有效解决问题的途径。建模与仿真技术是借助计算机，对保障性的各种因素进行权衡分析，以获得最佳的效果。关键的问题是建立合适的仿真模型。要结合装备的使用情况，选择的参数度量等建立仿真模型。目前，国外有大量的仿真软件，如 SIMLOX 等。

习　　题

1. 航空武器装备的保障性目标主要包括哪几方面？
2. A 类规范、B 类规范和 C 类规范的关系是什么？
3. 在确定保障性要求时，输入信息主要包括哪些？

第 3 章　保障方案制定

保障性系统工程是从保障方案制定开始的,包括保障方案制定、保障工作规划制定和保障资源要求的确定、保障资源研制、采购和提供等,最后是建立保障系统。

在保障方案和保障系统的建立过程中,逐步形成 A 类规范、B 类规范和 C 类规范中保障资源规划部分的内容,由保障方案(含保障资源要素方案),逐步提出各项保障资源技术规范要求;按照各项保障资源的技术规范要求,完成保障资源的设计、生产、试验、交付和验收,最终形成保障系统。

3.1　保障方案的定义及内涵

保障性系统工程中对保障方案的定义为:保障系统完整的系统级说明,它由满足功能的保障要求,并与设计方案及使用方案相协调的各保障要素的方案组成,保障方案的组成如图3-1所示。从定义可知保障方案有以下三方面的含义,这三方面是统一的。保障方案应当是 A 类规范的组成部分。

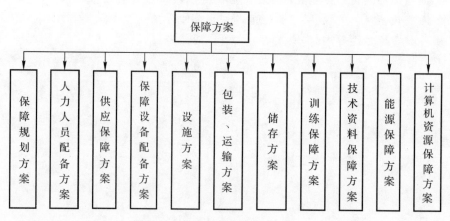

图 3-1　保障方案的组成

1.保障方案是航空装备保障系统在总体上的完整说明

航空装备保障系统是为实施保障而建立的一个十分复杂的资源系统。它涵盖了航空装备部署的建制部队各级的所有装备保障资源及资源在编制中的配置。保障系统的建设应当与装备研制同步进行,是不断完善的过程,并要在装备试用时全面实用考核。所以在研制航空装备时应首先对这项保障系统从总体上加以规划,这个规划称为保障方案,也可以将保障方案理解为保障系统的规划方案,在美国也称"保障系统方案"。航空装备立项时提出初始保障方案,直到工程研制阶段末期,才能拟定优化的保障方案。

2. 保障方案要满足航空装备功能的保障要求,并与装备的设计方案和使用方案相协调

保障方案要满足装备所有功能在实现时的保障要求,否则功能形不成能力,这也说明保障工作是根据装备的功能而制定的,而功能又是由装备的使用方案要求所确定,并通过设计方案来实现的,所以保障方案必然与使用方案和设计方案相互协调一致。使用方案主要包括使用过程(或任务剖面、使用流程)、编制(人员、装备等)保障体制、使用环境、部署和机动特点等。使用方案可能有多个,除非特殊要求,通常应选择一两个典型的使用方案作为研究保障方案的依据,从使用方案中的任务剖面导出对装备的任务要求和执行任务的能力。任务能力中包括保障能力,保障能力需要保障系统支持,这充分反映了保障方案与使用方案的密切关系。

3. 保障方案由综合保障要素方案组成

保障方案是一种规划,是由一系列综合保障要素方案来表达的。综合保障要素都有相应的方案,也就是说要素也需要规划,它是通过保障性分析而得到的,其中分为保障资源一类的方案和保障管理类方案。这个概念在以往对保障方案的认识上是被忽略了的,以往认为保障方案只是使用保障方案和维修方案,其实这仅仅是从装备保障的实施角度来区分的,在部队实际保障工作中有使用保障与维修保障两类,前者保障装备的功能得到充分的发挥,后者保障装备减缓和排除故障的发生和发展,恢复故障装备的正常功能。使用保障方案和维修保障方案都需要资源支持,特别是人力的支持,使用与维修保障所需的资源各自单独考虑就不可避免地有重复和不协调,例如,装备使用中的检测和维修的检测都可用类似或相同的设备。又如,有些装备实施保障的人员可以兼管两类保障工作,有些装备的使用与维修保障在人员方面没有严格的区分(如飞机都属于地勤人员)等。

在保障性系统工程研究中,用保障要素方案来组成保障方案可以统筹考虑使用与维修保障工作中的需求,即缩小保障规模,降低保障费用,做到高效低耗。更为重要的是,在保障方案中提出保障要素方案而不是直接提出保障资源要求,是可以对要素的不同方案进行优选的,不仅可从中得到更合理有效的资源,也可在不同保障要素方案之间得到相互协调,特别是人力和费用的协调,例如不同的保障设备方案与人员需求和技术水平有关,又如不同的供应保障方案与运输能力密切相关,这样的相关分析可以得到优化。此外,要素方案的分析选优也会影响装备设计和费用。例如,不同的测试设备与装备接口设计,嵌入式测试设备与设计等这些方面直接与设计和费用相关。

应该着重指出的是保障方案是保障系统的总体规划,它与装备保障工作的任务及编制体制紧密相关,也与保障工作的管理紧密联系。

3.2　保障方案的作用

保障方案是综合保障工程企图建设的保障系统的最重要依据,同时它与使用方案和设计方案相互协调,保证保障方案既符合使用要求又与设计结果相适应。其作用如下。

1. 保障方案是满足使用方案,影响装备设计方案的纽带

保障方案、使用方案和设计方案之间的统筹协调是装备保障性系统工程的主要任务之一。

装备设计有不同的备选方案,而每一设计方案又有各种备选保障方案,每一要素也有不同的方案,必须对每种备选保障方案进行分析权衡,以确定优化的保障方案。

2.保障方案为制定保障性要求和规划保障资源提供依据

保障方案可细化成为保障工作规划,而保障工作规划又是确定保障资源和建立保障系统的基础。保障工作规划是装备保障方案的详细说明,它说明如何实现保障方案。因此,从优化的保障方案和优化的保障工作规划才能得出优化的保障资源要求。资源特别是人力资源、保障设备与保障性要求(如维修工时)有因果关系,保障方案中的关键要素直接是保障性的主要要求。

3.保障方案是建设保障系统的基础

保障方案中规定的维修类型、维修级别、各维修级别的主要任务以及维修保障所需的基本要求等都是经过反复权衡分析而确定的。根据部队的相应管理体制和确定的保障资源建设保障系统,没有优化的保障方案就不能建设完善的保障系统。

3.3 保障方案中的保障要素方案

保障方案的拟定是一个由粗略到完善的过程。这里所列的内容是较完整的,可以根据研制论证的进程和航空装备的特点予以增补和删减。其中主要的要素方案如下。

3.3.1 保障规划

航空装备的保障规划是保障方案中所有保障要素的基础,它从保障性目标和使用要求出发,规划航空装备的保障范围、保障级别及其承担任务的分工和保障时限规定等。这些问题是整个保障工作的纲,所有保障要素都将与之紧密联系,特别是保障所需的人员与规模(通常包括人力和人员、保障设备和备件等)都取决于这项规划,这项要素方案通常开始从相似装备比较分析而获得,并且服从于新型研制装备的新要求(任务能力新要求),例如要求出动准备时间减少、保障人员编制变化、机动能力加强等。通过反复研究与所有要素迭代分析而优化得到。可以说每一要素的重大改变都将影响保障规划的制定,它在设计接口规划中具有重要作用。

我国航空装备保障目前以部队建制保障为主,但也存在部分设备的承包商保障(如基地级大修),保障方案中要明确各自的保障工作范围及内容。

3.3.2 人力和人员

人力是航空装备使用维修保障工作中最重要的要素,因为任何保障工作都需要人去操作。它与航空装备设计、保障系统建立关系密切,是形成保障能力的关键。总的趋势是减少人力,特别是直接人力。直接人力是指直接操作使用和维修的人力(不包括机关干部、辅助保障人员和运输人员等),这些人力不仅存在数量上的问题还有技术培训上的问题,并在很大程度上影响费用支出。在保障性系统工程中,影响保障人力的关键因素有与战备完好性直接挂钩的人力,如飞机实现出动架次率最低要求的最少人力数。这些因素与航空装备的可靠性、维修性、保障资源及其相应的管理水平有关。在确定人力方案时,应对上述因素逐一分析,找出影响中突出的因素并制定不同的方案予以解决。如分析基层级中日常保养人数过多,这就要提出如何改善日常预防性维修工作内容。

3.3.3　供应保障

供应保障要求制定当地（或就近）的库存保障模式，缩小供应规模，使供应时间尽可能缩短。在这个前提下制订方案，方案主要说明供应器材与物的数量、品种和供应链的管理。供应链管理包括五个要点：维修点的能力、备件配置地域规划、发放与运输、贮存管理、备件和消耗品需求与供应周转的指挥协调等，甚至涉及某些频发故障的消除保障措施。

3.3.4　保障设备

保障设备种类繁多，先要研究所需各类保障设备采用什么方案。保障设备方案的重点是优化选用和减少设备，以求降低维修人员对保障设备的依赖程度，简化维修工作内容，进而减少维修时间。例如减少基层级保障设备可采用具有精确诊断功能的状态监控设备方案，尽量采用通用的保障工具等。这项工作必须与装备平台设计相结合并与保障规划维修级别相协调。它是影响装备设计的重要保障要素之一。

特别强调保障设备设计中的可靠性、通用性、模块化，以及保障设备在装备平台设计的接口兼容性，如专用设备和通用设备接口兼容，并考虑专用保障设备须有较高的固有可用度。

3.3.5　技术文件

技术文件配备的方案主要是所需文件资料的类型和内容，创建一个能协助使用维修人员实施操作的信息环境。目前广泛采用电子交互式的技术文件，包括使用和维修人员的操作程序、数据以及相对完整的支持信息，并可以查找工作中所需资料。电子交互式技术文件是一个数据系统，是易于使用、高度集成、对维修和使用信息响应迅速、确保数据准确的工具。因此，在开发这项数据系统时，应做大量的数据收集和准备工作并拟定开发方案。其中包括使用与维修工作所需数据范围，与相关数据如技术状态管理系统、训练信息系统、各类保障资源数据系统的链接，以获得辅助信息，有关使用和维修工作图像开发，数据因工程变更或改进的更新等。此外，要建立完善的数据管理规则以监督所有的开发活动（制定进度、数据开发、质量保证、交付培训等），以保证这套数据系统有效运行。

3.3.6　计算机资源保障

计算机资源保障方案主要说明为航空装备上配备的计算机设备和信息系统的硬件及软件的保障。它包括对计算机保障资源的规划、开发、升级变更、集成和测试、监控等。这项方案与软件配置的通用性设计有关。这项要素方案要注意的是计算机技术的频繁更新，以便提供最先进的计算机技术。其中包括定期软件更新、更换过时淘汰的元器件、植入新技术、软件和硬件修改以维持所需功能，以及使用通用的计算机硬件和软件，以便扩展计算机资源的保障能力。

3.3.7　设施

设施主要指固定保障所需的建筑设施，如装备存放场所、维修场站和基地、使用及维修人员训练设施和场地、仓库和储运设施、试验场站等。设施方案应明确设施建设的原则，尽量利用已有保障设施,以求减少费用。由于上述设施内容涉及多种不同性质的永久性和非永久性建筑,在制定设施方案时,应先根据保障规划方案拟定出设施需求文件,对每项设施要求做出评价,评价包括现有设施不足、新的设施要求、费用预测等,以确定最佳设施方案。

3.3.8 包装、装卸、储存和运输

包装、装卸、储存和运输相互有关联,也有单独的存在。由于对象的差别很大,如整机、备件、消耗品、电磁或放射性敏感物件及特殊要求物资,其包、装、储、运的要求也很不相同,因此有不同方案可供选择,应考虑运送便捷,与组织实施的有效性。包装、装卸、储存和运输除特殊物资(如危险品)需用专门的设备外,通常尽量采用市场通用的包装方案,以便使用标准化的物资装卸起重运输设备,以提高效率。包装、装卸、储存、运输要素也是备选供应保障方案应考虑的问题。

3.3.9 训练和训练保障

训练保障方案的制定十分复杂。装备使用与维修保障人员的训练可根据装备特点和训练要求,并与部队现行训练体制相结合拟定训练保障方案。其中包括各类训练所需器材、教材及虚拟环境或模拟设备的保证,训练的组织实施与资格等级评定等。对于复杂装备的训练系统,软硬件及管理机制的研发与装备研制紧密结合,以保证有效和低费用。

3.3.10 设计接口

设计接口是综合保障的一个要素,它描述了保障性系统工程要求的使用参数与航空装备设计和下属保障子系统工程专业的要求之间的衔接关系。这些参数用使用术语而不是用固有数值描述,与系统战备完好性和保障费用有特殊的关系。这些设计接口参数以使用术语从定性和定量两方面加以描述,并且特别规定了与保障性目标的战备完好性和保障费用的关系。

设计接口错综复杂,必须制定接口管理文件加以规范。在保障方案中每一要素方案都与航空装备设计有关。各要素方案之间也有设计接口关系,如供应保障与包装、装卸、储存、运输;保障设备与人力资源,从费用要求来分析各要素方案费用也是设计接口问题。要将与方案有关的接口列入,特别是关键问题的接口。例如,任务可靠性、战损修复能力、特殊维修性要求等。作为项目的负责人,必须制定航空装备的设计接口要求的规定。

3.4 保障方案、使用方案和设计方案的协调

1.航空装备的功能和装备完成任务的能力

在研究航空装备保障性系统工程时,需要对航空装备功能和装备完成任务的能力加以讨论。

航空装备功能是装备为适应作战使用需求而具备的工作特性,如杀伤、摧毁、干扰、侦察、防御等功能,通常用战术技术指标来表达,在航空装备立项综合论证时就已提出。它是对航空装备设计的主要要求,并在研制的各阶段中实现这些要求,最后考核其达到的程度。如坦克要

具备机动、火力、防护和通信功能,每项功能又可分解为下一层次的功能,这就是功能清单,一个装备可以列出一系列功能清单。

大多数航空装备有多项任务,不是所有的航空装备都能执行所有的任务。航空装备在使用时,由于任务需求不同,所要求执行任务的能力也不同。同时,在执行某一任务时并非将航空装备所具有的全部功能都一一使用到。如坦克执行固定火力发射点任务时,其机动功能就没有要求,只要求火力和通信功能。因此,有全面任务能力(FMC)和部分任务能力(PMC)之分。平时任务与战时任务不同,不仅使用环境不同,使用航空装备数量也不同,要求的使用能力也不同,这在任务剖面中都有详细的说明,必须用清晰而具体的语言定义任务成功与否。有些航空装备的任务剖面描述为具体的过程,称为使用流程。虽然任务要求的内容可以很多,很不相同,但在研制航空装备时只能针对典型的任务或拟定一项想定的作战任务进行分析研究。

航空装备的任务能力是近几年来国外装备研制新提出来的概念。它是作战能力的组成部分,通常用战备完好性、任务可靠性、作战持续性、保障机动部署性、保障系统效率、经济可承受性及保障互用性等来表达。任务能力描述了航空装备功能在执行任务时实际发挥的程度。

装备的功能是设计时赋予的。航空装备在使用时,人们要求这些功能能够得到充分的发挥,形成能执行任务的能力,但随时间、环境和作战过程影响等的变化,其功能不可避免地要退化或丧失。因此需要在使用这些功能时采取一系列保障措施使功能能够得到充分发挥,持续地保持和发生故障时得到恢复,由此可见功能是形成能力的物质基础,能力是功能在实际执行任务时的表现。功能与任务能力的概念不同,但关联紧密,具有辩证的关系。站在航空装备建设的角度来讨论,保障性的特征就是从航空装备设计和保障系统建设两方面满足装备平时战备完好性和战时利用率要求的能力。当然,就这里所称的任务能力是使用与保障能力,它不是作战能力的全部,因为除此之外,作战能力还包括兵力结构、组织指挥、装备现代化水平等方面的问题,我们在讨论保障能力时应注意并兼顾有关问题。

2.使用方案、设计方案和保障方案的协调

在保障性系统工程研究中,一项重要的工作是要求制定保障方案,但保障方案要与使用方案和设计方案相协调。所谓协调就是三个方案相互依存,相互关联,如图 3-2 所示。

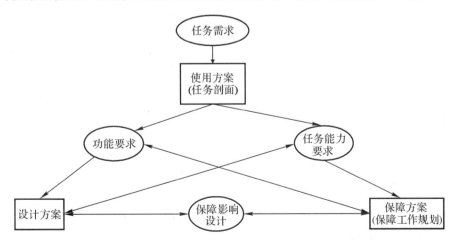

图 3-2 设计方案、使用方案和保障方案之间的协调

　　三个方案的共同根据是任务需求。从任务需求可以拟定使用方案或任务剖面,由使用方案一方面提出航空装备应具有的功能,另一方面提出执行任务时所要求的能力。功能通过航空装备设计来实现,功能是设计方案的主要根据。保障方案的制定要满足任务能力的要求。

　　必须指明,任务能力的要求也同时反映在设计方案中,这就是保障性设计中可靠性、维修性等设计对设计方案的要求,也就是说,设计方案虽然要依据功能要求而定,同时也要选择满足保障性设计要求的方案。

　　各项航空装备功能的发挥、持续保持和恢复需要一系列保障措施来支持,保障方案规划了这些保障工作,包括人力资源和物力资源。保障方案中的不同要素方案也将不同程度影响设计,提出对设计的要求或约束,要素中的这些问题在保障方案的制定中须认真考虑。

3.5　保障方案制定过程

　　保障方案制定的过程是一个反复迭代的过程,初始保障方案、备选保障方案和优化的保障方案都是随着研制工作的进程,不断深化和细化。图3-3只是一个总的过程示意,这里需要说明的是,在备选方案评价时需要制定保障工作规划,它说明备选保障方案的详细内容,便于优选保障方案,图中在评价备选保障方案时的双向虚线箭头即为此义。

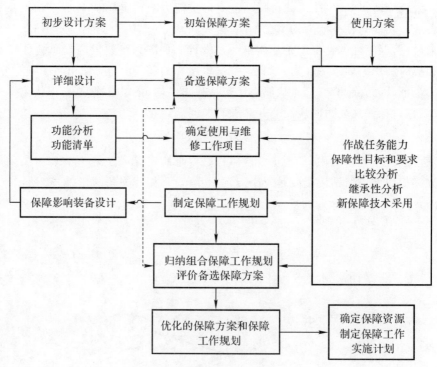

图3-3　保障方案制定过程示意图

3.5.1　制定初始保障方案

　　初始保障方案是航空装备立项论证的组成部分。一开始就需要它与立项论证中的作战使用要求(使用方案)、初步设计方案相互协调。

初始保障方案主要应说明对新型研制航空装备的预计保障工作的总体设想,着重阐述航空装备综合保障的第一要素,即规划保障的有关内容,同时也要根据需求提出所需综合保障要素的关键或主要要求或约束条件。一般主要内容包括以下 5 项:

(1)预期的使用环境和任务要求;

(2)实施使用与维修保障的作战单位装备数量编制及其使用与维修保障机构和主要任务;

(3)特殊使用与维修保障要求特别重视新的功能或改进功能的保障要求;

(4)对关键保障要素的要求和约束条件;

(5)新的保障技术措施的要求。

从实践中可知,航空装备立项综合论证时,航空装备的设计方案和使用方案比较粗略,但多数新型研制航空装备是上一代的改进,因此,比较分析就成为初始保障方案制定的重要论证方法。历史数据和信息成为制定方案的重要根据,新增和改进的功能以及新技术的引进是初始保障方案的重点。由于部队现役航空装备存在着新老型号和多种航空装备共存的局面,加以历史形成的一套保障组织机构很难大范围地进行改变,这就制约了保障工作总体规划的发展。当前世界军事航空装备在以信息技术为代表的新技术迅猛发展与广泛应用的推动下,引发了一场新军事变革。我军也在推进中国特色的军事变革。加强航空装备现代化建设,在航空装备保障领域也必须做出调整改革,如引进联合作战保障、承包商保障等概念。航空装备论证和装备设计部门,只有适应这种变革,才能不断提高装备保障水平。军方论证工作中更要在保障方式、手段、观念、技术等方面做出新的选择,这个选择或决策,就可产生一种新的保障方案,这种决策需要尽早做出,并向设计提出要求,从设计上解决如何做好保障和易于保障的问题,也就是说在装备设计早期,把军方对保障工作新的要求以方案的形式向航空装备研制单位提出。

3.5.2　制定备选保障方案

备选保障方案是航空装备进入方案和工程研制阶段需要做的工作,评价不同备选保障方案以求得到优化的保障方案。

1. 提出备选保障方案

初始保障方案是对保障工作的粗略规划,随着研制工作进展,设计方案和使用方案逐步明确,可以从下列几个方面提出备选保障方案。

(1)任务能力要求。一般航空装备的任务能力通常包括平时训练任务及战时任务的能力,有些航空装备有全面任务能力和部分任务能力。需要根据这些不同任务提出不同的备选保障方案。

(2)航空装备新功能要求。新航空装备与上一代相比,必定增加新的功能或提高原有功能要求。例如,飞机增加了新型导弹,火力系统有了改变,其使用维修内容与所需资源也应改变,与之对应的新的保障方案和改进后的保障方案均可作为备选保障方案。

(3)航空装备分系统改进。新装备下属分系统的重大改进,将导致保障方案的更改。例如,某新型步兵战车的动力装置由寿命较短的水冷内燃机改为寿命提高数倍以上的空冷内燃机,而重新制定保障方案就是一个很典型的示例。选用空冷内燃机在一个坦克大修期内无须更换,从而可否减少一次中修呢,即由三级维修改为两级维修(过去认为中修以更换动力装置为标志)? 这就必须多方面权衡才能确定取消一级维修会对各方面带来影响,最后仍保留三级维修。

(4)保障要素的变动。航空装备改进也必然涉及诸要素的改动,采用新的保障技术也会导致保障要素的改变。因此,适应这些改变需要做出备选的保障方案。例如,某型新研飞机改进了先进的通信系统,这就需要采用先进的检测技术,导致对检测人员技术水平要求提高,从而使设备采购费大增。现行保障体制不能适应这种变化。多方权衡后在备选保障方案中增加了专项定检方案予以解决。

(5)部队保障体系的新要求。现代战争要求装备具有极高的快速反应能力,庞大的保障资源已不适应任务特别是野战任务的需求,因此,需要提高保障的机动能力。在编制体制时也必然要做相应的变化,如减少某级维修制度、压缩保障设备规模、人力调整与技能加强等,需要提出一种新的备选保障方案进行评价与权衡。

2.备选保障方案分析的要求

从备选保障方案提出到优化需要考虑以下要求:

(1)备选保障方案应以作战单元的装备编制为根据,并与其保障系统的组成相适应;

(2)备选保障方案应满足使用方案和战备完好性等保障性目标的要求;

(3)每一备选保障方案可能适用于航空装备的多种设计和使用方案,每一设计备选方案也可以有多种备选保障方案;

(4)备选保障方案的详细程度应涉及所有综合保障要素;

(5)考虑降低新研航空装备功能要求的风险应采取的保障措施;

(6)制定使用与维修工作项目并进一步拟定保障工作规划作为评价依据。

3.权衡分析备选保障方案,确定优化的保障方案

对制定的备选保障方案进行权衡分析,备选方案权衡分析的一般程序如下:

(1)建立评价与权衡准则。为进行权衡分析,须建立一系列评价指标与准则,以此来研究新装备是否满足使用要求。这些准则应规定一些影响航空装备和保障系统设计的关键参数和要求,一般应包括战备完好性参数、任务可靠性参数、作战持续性参数、保障机动部署性参数、人力要求和费用约束等。

(2)建立评价解析关系式或模型。评价解析关系式或模型用于表示航空装备的保障性、设计和使用参数与被评价准则的参数之间的关系。

（3）备选保障方案的权衡分析。利用已建立的解析关系式或模型对备选保障方案进行评价与权衡分析，按照评价准则选择最佳的保障方案。

（4）对涉及较高风险的变量或对装备的保障性、费用与战备完好性有关键影响的变量进行敏感性分析。

（5）记录评价与权衡分析结果。

（6）当有更详细的和精确的信息时，修正评价与权衡分析结果。

目前备选保障方案权衡分析所采用的方法分单因素（综合保障要素）评价与权衡分析和多因素评价与权衡分析。表3-1介绍了几种备选保障方案权衡分析的方法，这些方法都有各自的适用范围，必须对上述方法有选择地进行应用。

表3-1　备选保障方案权衡分析方法示例

方　　法	评价与分析内容	评价与分析的目的	适用范围
单因素（保障要素）评价与权衡分析	人员数量与技术等级分析	确定所需的人员总数、专业分类、技术等及所需技能等的重新规划，减少或增加某类专业人员	部队编制、兵员来源、服役年限等的改进与约束
	训练权衡分析	确定提供合格的使用与维修人员要求的最佳训练方法	确定备选保障方案所采用的训练方法、所需的训练器材等
	诊断权衡分析	评定备选保障方案所采用的故障诊断方案	确定所采用的故障诊断方法
	能源权衡分析	燃料、润滑油脂的用量、品种和通用性好的分析评定	确定备选保障方案的燃料和油脂数量与品种
	生存性权衡分析	备选方案与作战环境下的生存能力、战损修复性评价	确定战时的保障方案和战时保障资源的特殊要求
	运输性权衡分析	分析装备的最佳运输性设计与运输方案，以便满足装备的运输要求	确定备选保障方案的运输方案和约束条件
	保障设施权衡分析	确定最佳的保障设施配套方案	可确定每一备选保障方案的设施要求
	安全性权衡	评价某一保障方案中有关安全性问题，包括环境污染等	用以对方案安全性改进
	费用分析	评价保障要素对单项费用或综合费用的影响	确定保障要素方案的取舍或改进
	保障设备评价	评价特殊保障工具、仪器的要求，包括使用人员专业技术水平要求	用以确定采用的特殊保障设备

续 表

方 法	评价与分析内容	评价与分析的目的	适用范围
多因素评价与权衡分析	使用方案、设计方案与保障方案之间的权衡分析	从更宽的范围内,评价确定最佳的保障方案	可比较全面地确定备选保障方案的优劣
	比较评价	通过新型研制装备与现役装备在达到保障性目标的能力上进行比较,来确定各备选保障方案达到保障性目标的可能性	可应用于新老方案之间的比较
	综合分析	从费用、训练、供应等方面进行综合权衡分析,确定最佳的备选保障方案	可进行几个备选保障方案之间的比较
	战备完好性敏感度分析	确定战备完好性参数对可靠性参数、保障资源参数变化的敏感度,以明确关键的问题	用以调整有关参数,提高战备完好性

这里着重指出:保障方案是保障工作顶层方案,其有关的保障要素和资源,使用与维修举措的变动,不论是技术的还是管理的都会对它产生影响,因此不论采用哪一种评价方法都必须注意以下几点。

(1)保障方案在理解上不能只是使用方案和维修方案,这两个方案确实是保障方案的重点问题,但保障要素方案不可缺失。因为任何新航空装备的保障要素都必然与上一代有所不同,这种变动必然影响保障的总体规划。

曾经由于航空装备增加了复杂检测设备,出现了维修体制改变的事例,影响到人员编制,所以要素方案是保障方案的组成部分。

(2)必须适应设计方案的变化而制定保障方案,同时还要考虑保障方案对设计方案的影响。如航空装备设计方案有变动,保障方案也相应调整。例如,新航空装备组成分系统增加,或结构上有大的变动,必然会给使用维修工作带来新的问题。需要与上一代航空装备相对比,考虑是否有保障要素需要调整变化。当通过分析发现选择的设计方案会造成很大保障负担,需要增加新的人员要求,甚至影响安全或环境时,就要考虑修改设计方案,以减轻对保障工作的影响,也可考虑改进保障方案,以使新的或关键的保障资源带来的风险降到最低。

(3)必须考虑任务要求对保障方案的影响。航空装备平时和战时任务不同,作战任务也有不同的方案,保障方案必须服务不同的使用方案。当然可以制定一种典型的使用方案做出一套基本保障方案。但当任务不同时,则应制定不同的保障方案。

(4)备选保障方案权衡分析必须利用保障工作规划来实施。虽然有多种备选方案的权衡分析与分析方法,但是不论单因素或多因素都必须将有关因素与之相关联的使用与维修工作项目相联系起来分析,才能得到有价值可评价的结论。现在重点介绍几种典型的权衡方法。

1)使用可用度的权衡。通过对使用可用度进行综合分析,可提出一套匹配的可用性、可靠

性、维修性、保障性指标的建议,并对保障方案提出反馈意见。采用的模型为

$$A_0 = \frac{T_0 + T_{ST}}{T_0 + T_{ST} + T_{PM} + T_{CM} + T_{ALD}} \tag{3-1}$$

式中:T_0—— 使用时间;

　　T_{ST}—— 待机时间;

　　T_{CM}—— 修复性维修时间;

　　T_{PM}—— 预防性维修时间;

　　T_{ALD}—— 管理和保障延误时间。

为了进行系统的 A_0 设计和分析,以及在 A_0 的设计分析中,当 A_0 不足时能分析其原因,寻找解决途径,必须从 A_0 的数量上对影响能工作时间和不能工作时间的各种可控因素建立关系。假设不计待机时间,式(3-1)的右边同除以维修次数(包括修复性维修和预防性维修),得

$$A_0 = \frac{T_{BM}}{T_{BM} + \overline{M} + T_{MLD}} \tag{3-2}$$

式中:T_{BM}—— 平均维修间隔时间;

　　$\overline{M}$—— 平均维修时间;

　　T_{MLD}—— 平均保障延误时间。

当不考虑小修、中修、大修与改装等预防性维修时间时,式(3-2)变为

$$A_0 = \frac{T_{BF}}{T_{BF} + \overline{M}_{CT} + T_{MLD}} \tag{3-3}$$

式中:T_{BF}—— 平均故障间隔时间;

　　$\overline{M}_{CT}$—— 平均修复时间。

关于平均保障延误时间(MLDT)的计算问题,在第 2 章 2.1.4 中已做了介绍,此处不再赘述。

2)可用度与费用的权衡。可用度与费用的权衡的具体步骤如下:

a.建立系统设计方案的一个具有基准可靠性与维修性参数的想定原型,确定系统使用特性(如使用频次)和预期的购买数量。

b.设定要分析的各种可靠性和维修性水准,并按照这些设定的水准估算设计方案的单件购置费用。为了能就可靠性和维修性做出权衡,这一步必须对 MTBF 和 MTTR 的每一组合分别进行。

c.建立或选定一个备选保障方案,规定可供使用的备件供应点和维修点。在方案阶段,可能的备选保障方案往往有几个,这些方案反映了使用中继级和基地级维修的各种可能性和各个维修点的具体位置。

d.对每个备选保障方案和系统可靠性数值进行重新调整,以反映在各种不同保障条件下的保障能力。例如,如果所选保障方案不含中继级维修,那么需要对基层级和基地级的修复能力(如修复率)进行调整,以反映维修级别的变化,此外,系统的可靠性与系统的部件应采用的维修级别也有着直接关系,一般来说,这个阶段需要开始修理级别分析,以确定各个部件的最佳维修级别,如果决定进行修理级别分析,那么就需要采用维修级别调整后每个修理级别修复率(当然要调整到能反映对可靠性与保障方案所做的决策)。

e.估算与综合保障有关的各种固定费用,包括除预置在各供应点的备品费用以外的所有与综合保障有关的费用。估算时必须考虑对系统所预期的和正在分析的特殊保障方案。

3)保障要素方案权衡。确定备选保障方案时,每一保障要素都有不同的备选方案,对保障

时间、费用、要素间协调，人力配备等的影响加以评定，找出最佳要素方案。在航空装备研制过程中，随着装备设计的进展，保障规划工作越来越具体，保障方案逐步细化，在更深入的权衡分析工作中，保障方案将得到不断优化，并最终确定优化的保障方案，这个优化的保障方案的详细说明就是优化的保障工作规划。

3.6 保障工作规划制定

保障工作规划是保障方案的详细说明，但不是现场保障工作的实施计划。它说明完成每项使用与维修工作项目所需的操作程序、方法、资源以及相关的数据信息。保障工作规划应当是 B 类规范的组成部分。

保障工作规划的作用主要体现在如下三个方面：

(1)作为备选保障方案优选时的评价内容。在评价各备选保障方案取舍时，需要依据其各项保障工作规划提供的人力、物力、时间及费用等信息，才能得到可信的评价。

(2)由优化的保障方案所导出优化的保障工作规划是制定保障资源要求和进一步研制(或采购)保障资源的依据。

(3)优化的保障工作规划为制定部队使用与维修保障工作实施计划、规程和建立使用与维修制度的主要依据。

3.6.1 进行航空装备功能分析，制定功能清单

功能分析的主要分析工具是功能框图，在航空装备设计和可靠性维修性分析时都要利用功能框图。为了确定使用、维修、储存等保障工作，应以功能框图为基础，当需要实现装备某一功能时，则是一个使用和维修保障工作的起点。

功能分析中应特别重视新的功能和特殊功能。因为新的功能会提出新的保障要求，对保障方案制定有一定影响。

航空装备的功能是由使用任务需求所决定的，并通过设计方案予以实现，因此需通过功能分析对装备设计的各功能系统、分系统、部件按层次分析列出不同层次的功能清单。设计更改，其功能清单也要相应改动。这一步工作是确定新研装备为了完成预期的使命任务实际必做的工作。这样可能得到一个相当冗长的功能清单。但是，这个过程是重要的，以便全面地理解所需要保障的功能。以坦克为例说明如下：坦克的功能可分为机动、火力、防护、通信指挥等，这可以认为是第一层次功能；机动功能要求又可分解为提供功率、传递功率、输出功率和行驶。火力、防护、通信指挥同样可以分解为第二层次功能要求，如此可继续分解出第三、四……层次功能要求，如图 3－4 所示，这就是功能清单。

关于功能分析和确定功能清单问题，是装备设计的一项重要工作，主要是从装备设计的角度进行的，这项分析工作是一项基础性工作。其后的许多工作可能都要用到，但分析的详细程度或重点可能不同，装备设计时主要考虑通过硬件、软件来实现其功能，而保障性系统工程，主要考虑为了实现任务能力，对功能的发挥、保持和恢复所需实施的保障工作，所以应当筹划好功能分析的重点和结果的利用。保障性系统工程所需要的功能清单是根据作战任务需求的任务能力而定。如坦克的机动性是坦克使用的重要特性，这项功能的存在和持续是完成作战任务的决定因素，必须详细分析，以便采取保障措施使之发挥、保持。

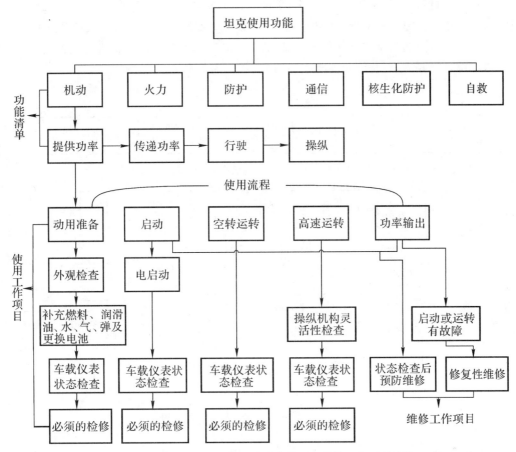

图 3－4　坦克功能分析框图和确定使用与维修工作项目过程

下面以某运输机为例,说明功能分析。

1. 功能流程图

功能分析的工具是功能流程图。功能流程图是以图形的方式描述装备必须完成的各项功能顺序关系的一种方法。例如,确定一架运输机的功能要求的流程图如图 3－5 所示。图的上半部是装备功能流程图。图中描述按装备寿命剖面的主要活动展开的主要功能。流程图表示功能间的逻辑顺序关系以及输入与输出。用功能流程图进行功能分析时,要保证:全面地考虑装备寿命剖面的各项活动、各个环节,即包括设计、研制、生产、试验、部署、运输、储存、训练、使用及维修等;要涉及装备系统的全部要素,即装备、保障设计、设施、人员、资料、软件等。

2. 使用功能流程图

使用功能流程图是航空装备功能流程图中按使用功能展开的部分。图 3－5 中将顶层功能系列中的航空装备使用方框展开为第二层功能流程(即第一层使用功能)。由此可以形成航空装备的各种工作方式和使用率的说明。图 3－5 中典型的使用功能主要包括:①飞机飞行准备;②飞机从 A 地飞至 B 地;③飞机做下一次循环飞行等。将第二层功能流程"飞机从 A 地至B 地的飞行过程"方框展开成第三层功能流程(即第二层使用功能)。这一层的子功能包括通信能力的需求、导航需求等。

功能流程可以在某些点上按层次向更大的范围展开,回答每一个需要实施的是怎样的具体功能,完成功能需要什么资源(如装备的设备、部件与软件,以及保障设备、保障设施、人员、技术资料等,一直分解到确定具体资源要求的层次),最后,通过功能分析进行装备具体部件的标识,得出符合需要的、按功能装配与组装的方案。

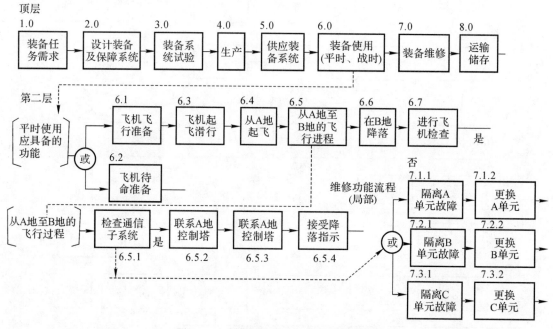

图 3-5 确定运输飞机功能要求的流程

3. 维修功能流程图

维修功能流程图是装备功能流程图中按维修功能展开的部分。使用功能一经确定,接着就可以展开装备的维修功能。由图 3-5 可以看到与每个方框相联系的所期望的要求。对于某一功能的检测将显示出"是"或"否"的判断,若显示的判断为"是",则继续进行下一个使用功能;若显示的判断为"否"(表示装备有故障的迹象),则给出了制订一个详细维修功能流程图的起点。图 3-5 方框 6.5.1 显示了从使用功能流程到维修功能流程形成的转换过程。然后展成维修功能流程。如图中方框 7.1.1、7.1.2、7.2.1、7.2.2 等,如果详细展示维修功能流程,同样可以分为第一层维修功能流程、第二层维修功能流程等。

3.6.2 确定使用与维修工作项目

从功能分析的清单中将每项功能的实现需要进行的工作列出,通常分为使用工作(或称运行工作)和维修工作。当航空装备可以正常运行时,通过规范的使用工作,使之能够充分发挥其设计规定的功能。有些功能使用前或使用中通过检测,确定其是否能正常工作,如检测出故障应予以排除,这时排除故障也可列入使用工作。当航空装备已发生故障或具有潜在故障的可能时,需要采用预防性维修或修复性维修工作使之恢复或保持到规定的状态。这些称为使用与维修工作项目。

这项工作很复杂,因航空装备的功能很多,大型航空装备尤其繁多,使用和维修工作项目更多、更复杂,因此可采用多种措施来做这项工作:

（1）确定重要功能产品予以研究，如影响安全或任务执行、可能导致重大经济损失、重大隐蔽功能故障等，对这些产品可通过 FMECA 开始分析。

（2）相似产品对比研究确定，特别是采用标准化的部件，或与上一代明显继承的系统，可简化确定的过程。

（3）专家评价，对一些新的或具有独特功能的产品，上述措施不便实施时，可由专家从经验角度予以确定在实现这些功能时需要的使用和维修工作，并做风险评价，在后期予以改进。在确定使用和维修工作项目时，特别要利用已有的各种分析工具，如 FMECA、RCMA、LORA 等，并要做好分析数据的记录。做好记录是一项重要的工作，因为内容繁多的记录是信息化系统建立的原始资料，非常重要。这些分析技术，目前已有许多参考资料，本书不再详细介绍。维修工作项目的维修时机，特别是预防性维修的时机，是一项有待深入研究的课题。目前虽然有不少确定的方法，如安全期分析法、经济性分析法等，但都不十分成熟，通常还是从类似维修工作的实际经验上研究或统计分析确定。但这一时机与备选保障方案直接关联，也是评价保障方案应考虑的问题。

3.6.3　制定保障工作规划

根据所确定的使用与维修工作项目，逐项制定其所需保障工作规划，其具体内容主要包括使用与维修项目实施中所有的操作工序、人员及技术水平、工具设备、工时、备件和软件要求。这样制定的目的是详细阐述保障的所有要素，从而可以在备选方案优选时得到有效的评价，下面列表说明某控制器电子线路板维修更换的保障工作规划（见表 3-3）。

这项工作也是随着设计工作细化的程度而定，而不是一步到位的。当然，继承性较强的产品或部件可以利用已有信息，制定工作比较简便。新的功能部件或分系统则需要做好详细的 FMECA、RCMA、LORA 工作才能完成。

动用准备的时间影响战斗准备时间和出动能力，因此应当作为一项重要使用工作项目予以研究。

分析中应与备选方案相结合，包括每项使用与维修工作所拟定的维修级别和维修时机的安排。保障工作规划实际上是把使用与维修工作项目实现的诸要素具体化，特别是关键的工作项目。然而，由于这些项目还没有纳入保障方案中适当的位置（维修级别），所以只能称为保障工作规划。

3.6.4　归纳组合保障工作规划，评价备选保障方案

保障工作规划是针对使用与维修工作项目制定的，没有与任务能力直接挂钩。因此，需要根据使用流程（或详细的任务剖面）将使用过程有序的功能发挥、保持和恢复工作纳入备选保障方案之中，使备选的保障方案能得到详细的说明，才能有效地评定备选保障方案的优劣。因此，要把众多的保障工作规划归类组合到备选保障方案相关问题中去，如某项保障工作列入哪一级维修级别最为有利，某些类同的保障要素可否合并共用以精简保障规模等，需要通过 LORA 及其它权衡分析技术来确定。

归纳与组合保障工作规划包括的主要工作是将按照众多的使用与维修工作项目所制定的保障工作规划整合到所设计的备选保障方案中去，其中主要包括以下四方面。

（1）关键使用与维修工作项目安排在哪一级维修最为适宜。所谓关键是指对保障时间、人力、费用影响较大的工作项目。

表 3 - 3　某控制器电子线路板维修更换的保障工作规划示例

项目名称	维修工作项目	件 号	工作项目编号	组件名称	工作频数	件 号	维修级别
控制器汇总板	更换有故障线路板	A101-153-6	03	流量控制器	0.002	A101-153	中继级

维修作业序号	工序名称	维修时间/h	操作人员 数量	操作人员 等级	总工时 人·时	日历时间 h	维修设备 名称	维修设备 编号	备件及消耗品 名称	备件及消耗品 件号	数量
0010	确定故障部位	0.05	1	4	0.05	0.05	测试器	1622-5			
0020	分解	0.09	1	4	0.09	0.09	扳手	6811-1			
							起子	6011-2			
0030	更换线路器	0.10	1	4	0.10	0.10	起拔器	6314-1	线路板	A101-153-8	1
									接线座	A101-8239	4
									螺钉	A832567-M	6
0040	装配	0.12	1	4	0.12	0.12	扳手	6811-1			
							起子	6011-2			
0050	测试	0.05	2	4	0.10	0.05	测试器	1622-5			

说明事项：分解前应再测试，以确定故障部位

（2）类同的使用与维修工作项目可否合并在同一级别实施；或由同一类技术人员实施，以减少人力。

（3）使用与维修工作项目中所需的各类保障要素能否与类似项目共用等。

（4）关键使用与维修工作项目中与战备完好性、可持续性、保障机动部署性等要求的参数指标或约束条件之间是否协调。要不要修改所制定的工作规划。

由上述分析可以看出，保障方案优化过程实质上也是保障工作规划优化的过程，两个方面的工作是交叉进行的。通过这些保障工作规划才能评价备选保障方案是否合理、有效、可行。最后形成的优化保障方案也形成了优化的保障工作规划。以新型步兵战车为例，在新型步兵战车改用寿命较长的空冷发动机后，在战车大修期内发动机无须更换，减少了这项维修工作项目，但此型战车的转向控制机构、传动机构等分系统的检测维修工作项目仍然存在，不能删除，仍然是中继级应做的工作，因此虽然发动机更换的维修工作免除了，但中继级不能取消，保障方案不能改为二级维修。保障工作规划这项分析的工作量非常大，输入和输出信息量也非常多，这需要利用计算机进行管理。这些分析的结果应当存入保障性数据库。保障工作规划的目的之一，是确定保障资源需求。根据前面的介绍，按照技术状态管理的要求，将系统层次的保障要求，逐层分解、分配到最低层可设计或可采购产品上，也就是技术状态项目，这与可靠性工作和维修性工作的分析对象和产品层次是一致的。保障工作规划也要分析到相同产品层次。这与保障资源规划要求也是一致的，与保障资源要素方案也是一致的。

上述进行的功能分析到保障工作规划是从功能角度，从满足任务能力的要求进行的，但作为确定保障资源需求最后还是要落实到物理产品上。作为早期能分析工作的一部分，主要目的是通过设计接口形成对保障性的影响，并影响装备设计，这种影响自系统级开始并按产品层次顺序向下延伸；这一过程到后期形成详细的保障工作规划，并自下而上地确定全部保障资源需求，如图 3-6 所示。确定保障资源产品的品种和数量还要考虑被分析产品的使用强度、该产品在装备中使用的数量（也称基数）、各项保障工作的频率和持续时间及总时间（任务剖面中有规定），同时还要考虑对各项保障资源的约束等。总之，从功能分析还要落实到物理分析，即对保障对象的分析上，最终对备件供应时，不仅要考虑其功能，还要考虑该产品在装备中的位置。例如，飞机机翼上的天线从功能上它是通信系统的组成功能单元，从物理上它是飞机机翼的组成部分。在进行功能分析时，确定了该天线的功能和能力要求，如可靠性；在对供应时，通常是同飞机机翼一起供应的。因此在归纳组合保障工作规划时，确定保障资源需求时，要进行各种工作量的合并、综合、分组和计算，如舰船这样复杂的装备，在确定使用和保障人员数量和技术等级时，需要按舱位和站位进行合并、综合、分组和计算，才能最后确定各种人力和人员要求。

根据以上保障工作规划的结果，可产生大量分析报告和保障资源要求清单、保障资源需求资料。按照不同的要求可生成保障性分析汇总报告。如训练保障数据、人员与训练要求、训练教程建议、保障设备推荐资料、测试与诊断设备资料、保障设备清单、零备件供应清单、工具清单、技术手册原始资料、技术规程原始资料、设施设计方案、计算机程序测试规则等。这些信息资料作为下一步确定保障资源需求的原始信息。

保障工作规划分析工作最终形成了 C 类规范中的保障资源技术规范，可作为保障资源研制、生产、验收和交付的依据。由于各类保障资源要素都有自身的特点和要求，而且这些资源的性质有较大不同，为了保证最终落实形成初始保障能力的要求，需要时，对保障资源要素制定单项工作计划,如基地维修保障计划、新装备训练计划、供应计划、保障设施计划、技术手册编制计划等,这些计划需要与保障性管理总计划和保障性实施计划相协调。

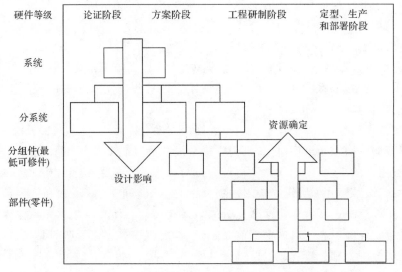

图 3-6 装备寿命周期中早期功能分析和后期保障工作规划活动的重点

习　　题

1.保障方案的定义及内涵是什么?
2.简述保障方案的作用。
3.保障方案中的保障要素包括哪几种?
4.简述保障工作规划制定过程。

第4章 保障资源的确定

4.1 保障性分析技术

4.1.1 FMECA 分析流程和作用

4.1.1.1 故障模式、影响及危害性分析的基本概念

故障模式、影响及危害性分析(failure mode effect and criticality analysis，FMECA)是分析系统中不同层次产品所有可能产生的故障模式及其对系统造成的所有可能影响，并按每一个故障的严重程度及其发生概率予以分类的一种归纳分析方法。FMECA 的结果用于判定故障的严重程度和发生的可能性及相关影响，通过设计以消除故障或将故障发生频率降低到某一可接受的程度，从而降低故障的危害程度。

我国于 1992 年发布了 GJB 1391—1992《故障模式、影响及危害性分析程序》，并在航空装备研制工作中推广应用了该项分析技术。

FMECA 包括故障模式影响分析(failure mode effect analysis，FMEA)和危害性分析(criticality analysis，CA)两个步骤。

4.1.1.2 故障模式影响分析

故障模式影响分析是在产品设计过程中，通过对产品各组成单元潜在的各种故障模式及其对产品功能的影响进行分析，并把每一个潜在故障模式按它的严酷度予以分类，提出可以采取的预防改进措施，以提高产品可靠性的一种设计分析方法。FMEA 是一种定性分析方法。

1. 故障模式及其影响

故障模式是故障的表现形式，通常被描述成故障发生时产品的状态，如短路、断裂、泄漏、老化等。故障影响是指每个假设的故障对产品使用、功能或状态所导致任务成功、安全性、经济性及使用与维修要求的影响。

根据影响范围的不同，可分为局部影响、对上一层的影响和最终影响。局部影响是指假定的故障模式对当前所分析约定层次或单元的影响，分析的目的在于为评价补偿措施及提出改进措施建议提供依据。对上一层的影响是指假定的故障模式对当前所分析约定层次的上一层的影响。最终影响是指假定的故障模式通过所有中间功能层对最高功能层的影响。

2.故障模式影响分析的方法

FMEA 基本方法有两种。

(1)硬件法。当产品明确确定硬件构成时,采用硬件法对可能发生的故障模式及其影响进行分析,它适用于从零件级开始分析再扩展到系统级(自下而上分析)。当可按设计图纸及其他工程资料明确确定产品硬件构成时,一般采用硬件法。该方法的优点是较为严格。

(2)功能法。产品的功能按输出分类,并将输出一一列出,对它们的故障模式进行分析。当产品构成不确定,或当产品的复杂程度要求从初始约定层次开始向下分析(自上而下分析)时采用功能法。该方法的优点是较简单,但可能忽略某些故障模式。可根据设计的复杂程度和可利用的信息选择分析方法。

4.1.1.3 危害性分析

危害性分析是对故障后果严重程度的分析与评价,它是 FMEA 的补充和扩展。该方法按每一故障模式的严酷度和故障模式出现的概率所产生的综合影响对其划分等级和分类,全面地评价各种可能出现的故障模式的影响。

危害性分析有定性分析与定量分析两种方法。当不能获得产品技术状态数据或故障率数据时,采用定性分析,用故障模式的严酷度类别和发生概率等级来表示。当有足够的产品技术状态数据或故障率数据时,采用定量方法计算故障模式的危害性。

1.定性分析

(1)严酷度类别。严酷度类别是产品故障造成的最坏潜在后果的量度表示,一般分为四类:

Ⅰ类(灾难故障):造成人员死亡或系统毁坏的故障。

Ⅱ类(致命故障):导致人员严重受伤,系统性能严重降低或系统严重损坏,从而使任务失败的故障。

Ⅲ类(临界故障):使人员轻度受伤,系统性能轻度下降或系统轻度损坏,从而导致任务延误或任务降级。

Ⅳ类(轻度故障):不足以导致上述三类后果的故障,但会导致需要进行非计划维修。

(2)故障模式发生概率。故障模式发生概率划分为以下 5 个等级:

A 级(经常发生):一种故障模式概率大于总概率的 0.2。

B 级(很可能发生):一种故障模式概率为总概率的 0.1～0.2。

C 级(偶然发生):一种故障模式概率为总概率的 0.01～0.1。

D 级(很少发生):一种故障模式概率为总概率的 0.001～0.01。

E 级(极不可能发生):一种故障模式概率小于总概率的 0.001。

(3)危害性矩阵。危害性矩阵可以确定和比较每一故障模式的危害程度,为确定补偿措施的先后顺序提供依据。危害性矩阵图中横坐标表示严酷度类别,纵坐标表示危害性或故障模式出现的概率等级。

以故障模式 A 和故障模式 B 相比较,B 点离原点远,其危害程度比 A 点严重,即线段离原点越远,其危害程度越严重。

2. 定量分析

给定严酷度类别和任务阶段,产品第 j 个故障模式的危害性度量值为 C_{mj},可由下式计算:

$$C_{mj} = \beta_j \alpha_j \lambda_p t$$

式中:β_j——以故障模式 j 发生故障而丧失规定功能的条件概率;

α_j——以故障模式 j 发生故障的频数比;

λ_p——零部件的故障率;

t——对应任务阶段的持续时间,通常它以工作小时或工作循环次数表示。

下面分述 β_j、α_j、λ_p、t 的求法。

(1)故障影响概率 β_j。β_j 是一条件概率,表示产品在第 j 种故障模式发生的条件下,故障影响将造成的危害度级别。β_j 的值可按表 4-1 进行定量选择。

表 4-1　β_j 值的数据表

故障影响	β_j 值	故障影响	β_j 值
实际丧失规定功能	1.00	可能丧失规定功能	0~0.10
很可能丧失规定功能	0.10~1.00	无影响	0

(2)故障模式频数比 α_j。第 j 种故障模式出现的次数与零部件或产品出现的全部故障次数之比,用小数来表示。α_j 值可以从故障数据源或从试验及/或由分析人员根据零部件或产品的功能分析判断。

(3)零部件故障率 λ_p。λ_p 可通过可靠性预计获得,通常从有关手册或资料中查得。

(4)工作时间 t。t 可以从系统定义中得到。

某一特定的严酷度类别和任务阶段,产品的危害度 C_r 是在该严酷度类别下的各种故障模式危害度 C_{mj} 的总和。C_r 可按下式计算:

$$C_r = \sum_{j=1}^{n} C_{mj} = \sum_{j=1}^{n} (10^6 \beta_j \alpha_j \lambda_p t)$$

式中:n——产品在相应严酷度类别下的故障模式数;

10^6——将故障率换算为每百万小时的故障数的变换系数。

4.1.1.4　故障模式、影响及危害性分析的实施

采用 FMECA 可确定产品的所有故障模式,尽早确定所有能成灾难性和致命性故障的因素,以便改进设计来消除或减少潜在的设计缺陷。因此,应在方案设计阶段进行 FMECA,其主要步骤为:

(1)了解系统的全部情况。先定义分析系统,对系统的每项任务,每一任务段,以及各种工作方式给出的功能描述,包括对主要和次要任务项的说明,针对每一任务阶段和工作方式、预期的任务持续时间和产品的使用情况、每一产品的功能和输出,以及故障判断和环境条件等,从而了解与系统结构、运行、控制、维护和环境有关的资料。

(2)根据产品的功能方框图绘出其可靠性方框图。功能方框图描述系统及各功能单元的工作情况和相互关系,以及系统和每个约定层次的功能逻辑顺序。系统分成具有独立功能的分系统后,利用可靠性方框图来研究系统可靠性与各分系统可靠性之间的关系。方框图应标

明产品的所有输入与输出,每一方框有统一编号,系统接口设备应在图中表示。

(3)确定故障模式及原因。确定和说明各产品约定层次中可预测的故障模式,通过分析相应方框图中给定的功能输出来确定潜在的故障模式。根据系统定义中的功能描述及故障判据中规定的要求,假设出各产品功能的故障模式,并进一步确定并说明与假设的故障模式有关的各种原因。

(4)分析各故障模式的影响。每一故障除了影响所分析层次外,还影响到几个约定层次。故障影响分析应评价每一故障模式对当前层次局部的、高一层次的和最终的影响。

(5)研究故障模式及其影响的检测方法。经分析应指明可采用目视检查、仪器测试、自动传感器装置或其他特殊手段,或无任何检测手段。

(6)确定预防和纠正措施。通过分析确定消除或减轻故障影响的补偿措施,可以是设计更改,也可以是操作或维修措施,并对这些措施进行评价。

(7)确定故障影响的严酷度类别。可根据故障造成损失的严酷程度确定其类别,最优先考虑消除严酷度为Ⅰ类和Ⅱ类的故障模式。

(8)确定各种故障模式的发生概率。确定故障模式发生概率的等级,为评价故障模式的影响和危害性提供依据。

(9)估计危害度。利用危害性矩阵图法和计算式估计法对危害度进行定性和定量分析,辨别各故障模式的危害程度。

(10)填写 FMECA 表格。FMECA 的工作表格是实施分析的工具,也是可靠性设计和审查中的一个重要文件。FMECA 工作的数据要记入故障模式及影响分析表、危害性分析表、FMECA 维修性信息表和损坏模式及影响分析表。故障模式及影响分析见表4-2。

表 4-2　故障模式及影响分析表

代码	产品或功能标志	功能	故障模式	故障原因	任务阶段与工作方式	故障影响			故障检测方法	补偿措施	严酷度类别	备注
						局部影响	上一级影响	最终影响				

4.1.1.5　FMECA 在保障性工程中的应用

FMECA 是一项最基础的保障性分析工具,是保障性工作的主要内容,它为保障方案制定、保障资源要求的确定提供必需的信息。FMECA 在保障性工程中主要有以下作用。

(1)FMECA 可以发现设计、生产中的薄弱环节,有助于设计人员采用改进措施,提高任务可靠性,并分析对基本可靠性的影响;

(2)确定可靠性关键件和重要件,以可靠性关键件和重要件作为可靠性设计、增长、试验和风险分析的主要对象,实施生产、质量控制,提高产品可靠性水平;

(3)FMECA 分析结果作为以可靠性为中心的维修分析过程的输入,为其提供重要分析项目及其故障结果,从而确定预防性维修要求和预防性维修工作类型;

(4)FMECA 确定修复性维修的要求,为修复性维修工作所包括的故障诊断与判明、故障隔离与定位、拆卸和分解、更换有故障件、原件修复、组合与安装调试等作业,以及故障查找程

序提供输入信息;

(5)FMECA 在确定修复性维修项目和预防性维修要求与工作类型基础上,据此进行使用与维修工作分析,从而确定出保障资源要求。

4.1.2　RCM 分析流程和作用

4.1.2.1　基本理论与相关概念

以可靠性为中心的维修分析(reliability - centered maintenance analysis,RCMA)形成于20 世纪 60 年代,80—90 年代趋于成熟与完善。它是随着人们对机器与设备故障规律认识的不断提高而产生与发展的,大致经历了下述 3 个阶段。

第一阶段,延续到第二次世界大战,认为机械长期工作有耗损故障期,并于 20 世纪 20 年代美国首先实行定时维修。

第二阶段,第二次世界大战以后至 20 世纪 70 年代中期,认为机械设备故障规律符合"浴盆"曲线,即设备随使用时间的增加有早期故障期、偶然故障期和耗损故障期,还认为这种"浴盆"曲线适用于一切设备。实践表明,这种维修思想与做法,只适合于简单的机械装备和零件,对于复杂装备或产品则并非如此,按这种做法故障仍旧发生,而且频繁的定时拆修所引起的过度维修消耗了大量的人力与资源,使维修费用急剧增加。

第三阶段,20 世纪 70 年代中期以来至今。1978 年,美国联合航空公司诺兰等发表了专著《以可靠性为中心的维修》,标志着建立在逻辑决断分析基础上的以可靠性为中心的维修的现代维修理论更加理论化与系统化。

以可靠性为中心的维修理论有以下基本观点:

(1)可靠性与安全性是装备设计赋予的固有特性。如果装备固有可靠性与安全性水平不能满足使用要求,只能靠改进设计和提高制造水平,而不能依靠增加维修来达到。

(2)装备或产品的不同故障有不同的影响或后果,应采取不同的对策。故障后果的严重性是确定是否做预防性维修工作的出发点。对于复杂航空装备,一般只对有安全性(含环境危害)、任务性和严重经济性后果的重要功能产品,才做预防性维修工作。对于采用了余度技术的产品,其故障的安全性和任务性影响一般已明显降低,因此可以通过经济性权衡来确定是否需要做预防性维修工作。

(3)装备或产品的故障规律是不同的,应采取不同方式控制维修工作时机。有耗损性故障规律的产品原则上适宜定时拆修或更换,以预防功能故障或引起多重故障,但一般只对产生严重后果的故障进行预防维修,而其余的可采取随坏随修的方式;对于无耗损性故障规律的产品,定时拆修有害无益,更适宜于通过检查、监控,视情进行维修。

(4)预防性维修工作类型包括保养、操作人员监控、使用检查、功能检测、定时拆修、定时报废及综合工作,不同的工作类型有不同的维修效果,而且其维修的难度与深度及所消耗的资源、费用也不同。对于不同的产品(项目)应按照以最少的维修资源消耗保持装备固有可靠性和安全性的原则,选择适用而有效的工作类型。

4.1.2.2　基本概念

1. RCMA 的概念

(1)RCMA 的定义与目的。以可靠性为中心的维修分析是按照以最少的维修资源消耗,保持航空装备固有可靠性和安全性的原则,应用逻辑决断的方法,确定航空装备预防性维修要求的一种分析技术。航空装备的预防性维修要求一般包括需进行预防性维修的产品、预防性维修工作类型及其简要说明、预防性维修工作的间隔期和维修级别。进行 RCMA 的目的,是通过确定适用而有效的预防性维修工作,以最少的资源消耗保持和恢复装备的安全性和可靠性的固有水平,并在必要时提供改进设计所需的信息。通过 RCMA 制定航空装备及保障设备的预防性维修大纲和确定预防性维修的保障资源要求。

(2)RCMA 方法的内容。RCMA 方法主要包括设备以可靠性为中心的维修分析、结构以可靠性为中心的维修分析和区域检查分析等三项内容。对一般设(装)备,只进行设备以可靠性为中心的维修分析,因此,本节只介绍设备以可靠性为中心的维修分析的方法。

2.产品的故障与故障后果

(1)产品的故障。故障是指产品或其一部分不能或将不能完成预定功能的事件或状态。在 RCMA 中故障主要划分有功能故障与潜在故障、单个故障与多重故障。

1)功能故障与潜在故障。功能故障是指产品不能完成规定功能的事件或状态。功能故障可区分为明显功能故障和隐蔽功能故障。明显功能故障是指其发生后,正在履行正常职责的操作人员能够发现的功能故障。隐蔽功能故障是指正常使用装备的人员不能发现的功能故障,而必须在停机时做检查或测试后才能发现。

许多产品的故障模式有一个发展过程,在功能故障即将发生的、可鉴别的状态就是潜在故障。潜在故障的可鉴别性,使得预防功能故障发生成为可能。同时,零部件在潜在故障阶段更换,使其有用寿命在不产生功能故障后果的情况下得到最大限度的利用。

2)单个故障与多重故障。单个故障是指一个故障所形成的故障事件。多重故障是指由连贯发生的两个或两个以上的独立故障组成的故障事件。隐蔽功能故障如果没有及时发现和排除,就会造成多重故障,可能产生重大后果。

(2)故障后果。故障后果的评定是基于故障产生影响到可能性,而不是必然性。通常可以分为三类,它们又分为明显的和隐蔽的。

1)安全性(含环境)影响。明显的安全性影响是指明显功能故障或由该故障所引起的二次损伤对装备的使用安全有直接不利的影响,即会直接导致人员伤亡或装备的严重损坏或产生严重的环境污染。隐蔽的安全性影响是指一个隐蔽功能故障和另一个(或多个)功能故障的结合所产生的多重故障对使用安全的有害影响。

2)任务性影响。明显的任务性影响指的是明显功能故障直接产生妨碍装备完成任务的故障后果,包括在故障发生之后需要中断任务的执行,为进行事先未料到的修理而取消其他的任务,或是在进行修理之前需要作任务上的限制。隐蔽的任务性影响是指一个隐蔽功能故障和另一个或几个功能故障的结合所产生的多重故障对任务能力的有害影响。

3)经济性影响。明显的经济性影响是指不妨碍使用安全和任务完成,而只会造成较大的经济损失。隐蔽的经济性影响是指一个隐蔽功能故障和另一个或几个功能故障的结合产生的多重故障会造成较大的经济损失。

3.维修对策

航空装备在实际使用中,故障是不可避免的。对于不同的故障应按其性质和后果,通过分析采取以下预防性维修对策。

(1)划分重要和非重要产品。重要产品是指其故障会有安全性、任务性或经济性后果的产品。对它们需要做详细的分析,以确定适当的预防性维修工作要求。

航空装备上除重要产品以外的产品即为非重要产品。其中有些产品可能需要一些简单的预防性维修工作,如一般目视检查,通常可包括在区域检查范围内。但这类预防性维修工作应控制在最小的范围内,使之不会显著地增加总的维修费用。

(2)按故障后果确定是否做预防性维修工作和更改设计。对于重要产品,要通过对其故障模式、原因和后果的分析,就是否要进行预防性维修工作做出决断。其决断应遵循下述准则:

1)对会有安全性或任务性后果的故障,必须确定有效的预防性维修工作。

2)对于只会有经济性后果的故障,只在经济上合算时才做预防性维修工作。

3)须按产品故障的原因以及各类预防性维修工作的适用性和有效性准则,来确定有无预防性维修工作可做。如无适用而有效的工作可做,对有安全性故障后果的产品,必须更改设计,其他则视情况确定是否更改设计。

(3)根据故障规律及影响,确定预防性维修工作类型。预防性维修工作类型是指利用一种或一系列的维修作业,发现或排除某一隐蔽或潜在故障,防止潜在故障发展成功能故障。这些工作类型对明显功能故障来说,是预防该故障本身发生;对隐蔽功能故障来说,并不是预防该故障本身,而是预防该故障与别的故障结合形成多重故障。通常所采用的预防性维修工作类型有以下 7 种:

1)保养。为保持产品固有设计性能而进行的表面清洗、擦拭、通风、添加油液或润滑剂、充气等作业。

2)操作人员监控。在正常使用装备时对其技术状态进行的监控,其目的在于发现产品的潜在故障,但不适用于隐蔽功能。

3)使用检查。按计划进行的定性检查(或观察),以确定产品能否执行规定功能,目的在于发现隐蔽功能故障。

4)功能检测。按计划进行的定量检查,以确定产品功能参数是否在规定限度内,其目的在于发现潜在故障。

5)定时拆修。产品使用到规定的时间予以拆修,使其恢复到规定的状态。

6)定时报废。产品使用到规定的时间予以废弃,并更换新件。

7)综合工作。实施上述的两种或多种类型的预防性维修工作。

上述预防性维修工作类型是按其消耗资源、费用和实施难度、工作量大小、所需技术水平排序的,进行逻辑决断时,要根据适用性和有效性准则,按序选择预防性维修工作的类型。

4.1.2.3　RCMA 的方法

1.分析所需的信息

为保证顺利地进行 RCMA,应尽可能收集下列有关信息:

(1)产品的概况,例如产品的构成、功能(全部功能,包括隐蔽功能)和余度等;

(2)产品的故障信息,如产品的功能故障模式、故障原因和故障影响,产品可靠性与使用时

间的关系,预计的故障率,故障判断依据,产品由潜在故障发展到功能故障的时间,功能故障或潜在故障可能的检测方法;

(3)产品的维修保障信息,如维修的方法和所需人力、设备、工具、备件等;

(4)费用信息,包括产品预计或计划的研制费用、预防性维修和修复性维修费用,以及维修所需保障设备的研制和维修费;

(5)类似产品的上述信息。

2. RCMA 的主要步骤

现在介绍设备以可靠性为中心的维修分析方法的一般步骤。

(1)重要功能产品的确定。RCMA 是一项分析十分繁重、工作量大的工作,特别是对于零部件数量巨大的大型复杂装备更是如此。因此,只对会产生严重故障后果的重要功能产品进行详细的 RCM 分析。确定重要功能产品就是对装备中的产品进行初步的筛选,剔除那些明显的不需要做预防性维修工作的产品。

重要功能产品一般是指其故障符合下列条件之一的产品:①可能影响安全;②可能影响任务完成;③可能导致重大的经济损失;④产品隐蔽功能故障与另一有关或备用产品的故障的综合可能导致上述一项或多项后果;⑤可能引起从属故障导致上述一项或多项后果。

1)确定重要功能产品的方法。确定重要功能产品的过程是一个粗略、快速而又偏保守的过程,主要是靠工程技术人员的经验和判断力,一般不需要进行深入 FMECA。

具体做法是:首先将功能系统分解为分系统、组件、部件……直至零件;然后,沿着系统、分系统、组件……的次序,自上而下按产品的故障对装备使用的后果进行分析,确定重要功能产品,直至产品的故障后果不再有安全性、任务性和经济性后果时为止,低于该产品层次的都是非重要功能产品。

如已进行了 FMECA,可直接引用其结果来确定重要功能产品。

2)确定重要功能产品的技术关键。

a.重要功能产品的层次。在重要功能产品的确定过程中,一般要选择最适宜的层次划分重要与非重要功能产品。这个层次必须是低到足以保证不会有功能和重要的故障被遗漏,但又高到功能丧失时对装备整体会有影响,且不会漏掉分系统或组件内部几个产品相互作用而引起的故障。

b.掌握重要功能产品与非重要功能产品的性质:包含重要功能产品的任何产品,本身也是重要功能产品;任何非重要功能产品包含在它以上的重要功能产品之中;包含在非重要功能产品内的产品,也是非重要功能产品。

(2)进行故障模式和影响分析(FMEA)。对每个重要功能产品进行 FMEA,确定其所有的功能故障、故障模式和故障原因,以便为下一步维修工作逻辑决断分析提供所需的输入信息。在可靠性设计中已进行了 FMEA,则可直接引用其分析的结果。

(3)逻辑决断分析。在确定重要功能产品并对其进行 FMEA 的基础上,应用逻辑决断图(见图 4-1),以图中问题回答的"是"与"否"按流程进行分析决断。

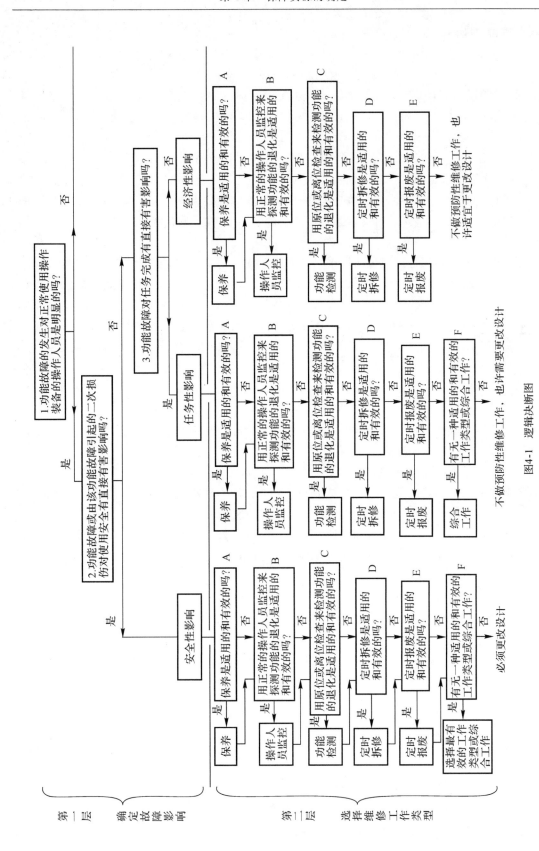

图4-1　逻辑决断图

1)逻辑决断图。逻辑决断图分为两层：

a.第一层确定故障影响(问题1~问题5)。根据 FMCA 确定各功能故障的影响类型,然后按照故障影响类型的不同分别进入第二层做进一步分析。

通过对问题1~问题5的提问,将一个功能故障的后果划定为明显的或隐蔽的安全性、任务性、经济性影响六类中的一类,然后沿该类影响分支的流程进入逻辑决断图的第二层,以选择适用而又有效的预防性维修工作类型。

b.第二层选择预防性维修工作类型(问题 A~问题 F 或问题 A~问题 E)考虑各功能故障的原因,选择每个重要功能产品的预防性维修工作类型。对于明显功能故障的产品,可供选择的维修工作类型为保养、操作人员监控、功能检测、定时拆修、定时报废和综合工作。对于隐蔽功能故障的产品,可供选择的维修工作类型为保养、使用检查、功能检测、定时拆修、定时报废和综合工作。

第二层中的各问题是按照预防性维修工作费用或资源消耗,以及技术要求由低到高和工作保守程度由小到大的顺序排列的,所以除了2个安全性影响分支外,对其他4个分支来说,如果在某一问题中所问的工作类型对预防所分析的功能故障是适用又有效的话,则不必再问以下的问题。不过这个分析原则不适用于保养工作。因为即使在理想的情况下,保养也只能延缓故障的发生,不能防止故障的发生,所以无论对问题 A 的回答为"是"或"否",都必须进入问题 B。

2)预防性维修工作类型的选择。对逻辑决断图第二层的各影响分支中的问题,选择适用且有效的预防性维修工作类型要以产品的故障及其特性为依据。

a.明显的安全性影响分支。故障的安全性后果最为严重,必须加以预防,所以本分支的分析必须回答其中的所有问题,然后从各适用而有效的工作中选择最为有效的工作。通过分析后认为既没有适用而又没有有效的工作时,则必须更改设计。

b.明显的任务性影响分支。一般来说,任务性影响虽不及安全性后果严重,但对使用者来说也是极为重要的,所以本分支的分析中,不管对问题 A 的回答为"是"或"否",都要进入下一个问题。自此往下,对某一问题的回答为"是"时,则分析即告结束,所选择的维修工作就能满足要求。如所有问题的回答都是"否",则说明无适用的预防性维修工作可做,要从故障对任务的影响程度考虑更改设计问题。

c.明显的经济性影响分支。本分支的分析等同于明显的安全性和任务性分支。区别在于当无适宜的预防性维修工作可做时,考虑更改设计的着眼点在于对故障损失与更改设计费用的权衡。另外,它不需考虑采用综合工作来预防故障。

d.隐蔽的安全性影响分支。本分支与明显的安全性影响分支的区别在于用"使用检查"代替"操作人员监控",其他类同。

e.隐蔽的任务性影响分支。本分支与明显的任务性影响分支类同,只是用"使用检查"代替"操作人员监控"作为一种维修工作类型。

f.隐蔽的经济性影响分支。本分支与明显的经济性影响分支的区别在于用"使用检查"代替"操作人员监控",其他类同。

3)各类预防性维修工作的适用性和有效性。某类维修工作可否用于预防所分析的功能故障,取决于其工作的适用性和有效性。适用性是指该类工作与产品的固有可靠性相适应而能预防其功能故障,取决于产品的故障特性;有效性是对于维修工作效果的衡量,取决于该类工作对产品故障后果的消除程度。

对有安全性和任务性影响的独立或多重故障来说,有效性指该类工作能将故障的发生概率降低到可接受的水平;对于经济性影响的故障来说,有效性是指做该类预防性工作的费用少于故障的损失(包括修复性维修费用)。

各种预防性维修工作类型的适用性主要取决于产品的故障特性,其适用的条件如下:

a. 保养。保养工作必须是该产品设计所要求的;必须能降低产品功能的退化速率。

b. 操作人员监控。产品功能退化必须是可探测的;产品必须存在一个可定义的潜在故障状态;产品从潜在故障发展到功能故障必须经历一定的可以预测的时间;必须是操作人员正常工作的组成部分。

c. 功能检测。产品功能退化必须是可测的;必须具有一个可定义的潜在故障状态;从潜在故障发展到功能故障必须经历一定的可以预测的时间。

d. 定时拆修。产品必须有可确定的耗损期;产品工作到该耗损期有较大的残存概率;必须有可能将产品修复到规定状态。

e. 定时报废。产品必须有可确定的耗损期;产品工作到该耗损期有较大的残存概率。

f. 使用检查。产品使用状态良好与否必须是能够确定的。

g. 综合工作。所综合的各预防性维修工作类型必须都是适用的。

4)暂定答案。在决断分析过程中,若因所需的信息不足对逻辑决断图中的问题不能做出准确的回答时,应给出较为保守的暂定答案。一旦在使用中获得必要的信息后就应及时重新审定暂定答案。

(4)预防维修间隔期的确定。预防维修间隔期是由各种维修工作类型的间隔期归并而成的,并与修理级别分析相协调进行。维修工作间隔期的确定,一般根据类似产品以往的经验和承制方对新产品维修间隔期的建议,结合有经验的工程人员的判断确定。在能获得适当数据的情况下,可以通过分析和计算确定。

4.1.2.4　RCMA 的应用

以可靠性为中心理论是现代维修理论的基础。RCMA 作为支持这种理论的分析工具得到了广泛的应用。它在保障性工程中的应用主要有以下几方面。

1. 制定维修保障计划

通过 RCMA 确定航空装备预防性维修要求,包括航空装备中哪些产品需要进行预防性维修工作,它们需要做哪些预防性维修工作类型,其预防性维修工作间隔期多长,以及建议这些预防性维修工作项目在哪个维修级别上做和需要什么维修保障资源。将通过分析得出的预防性维修工作项目进行适当的组合、归并,得出各项预防性维修工作及其组合间隔期,制定出预防性维修大纲。根据预防性维修大纲确定航空装备计划维修工作内容与要求,将其纳入维修保障计划。预防性维修大纲和维修保障计划是制定维修规程与维修制度的基本依据。

2. 确定预防性维修保障资源要求

通过 RCMA 确定那些影响安全性(含环境污染)、任务成功性和高维修费用故障模式的预防性维修工作,然后再通过维修工作分析详细确定预防性维修保障资源要求。这些资源包括备件、保障设备、保障设施、技术资料、训练装置、计算机保障资源、搬运与装卸设备以及使用与维修人员及训练等。

3.辅助保障性设计决策

RCMA 的结果可以用来辅助保障性设计决策。例如,当 RCMA 的结果表明没有找到适用而有效的预防性维修工作类型能够预防某些有严重安全性、任务性后果的产品故障时,则建议必须修改设计,以提高这些产品的可靠性水平。又如,当进行预防性维修工作组合、归并时,出现某些产品定时拆修间隔期过短或过长而不便调整时,也可以提高修改设计的要求。

4.改进装备维修工作

在使用与保障阶段装备的维修工作,是按照装备研制阶段所制定的维修手册或维修规程有关的规定具体组织实施的。由于制定这些规定时所掌握的保障性设计、分析和试验数据可能有限,而需要根据在实际使用与维修过程中收集的使用、维修与供应数据,再次进行 FME-CA,修改预防性维修工作的有关规定(如修订预防性维修工作项目及其间隔期),以改进装备的维修工作。

4.1.3　维修级别分析

4.1.3.1　基本概念

1.概念

修理级别分析(level - of - repair analysis,LORA)是在航空装备的研制、生产和使用阶段,根据装备修理约定层次与维修级别的关系,分析和确定装备中故障产品可行的修理还是报废的维修级别的过程。决定装备产品在哪一个维修级别机构修理,需要考虑一些非经济因素和经济性因素。因此,修理级别分析由经济性分析和非经济性分析两部分组成。经济性分析是从经济性因素出发确定修理费用最低的维修级别。

修理级别分析作为保障性分析的一种重要的分析方法,不仅直接确定了装备各组成部分的修理或报废地点,而且还为确定修理装备产品的各维修级别的机构所需配备的保障设备、备件储存、人员与技术水平及训练等要求提供信息。在装备设计、研制阶段,修理级别分析主要用于制定各种有效的、最经济的备选维修方案,并影响装备设计,如设计装备的修理约定层次,产品设计成可修复件或是不修复件(弃件)。对于不修复件,应当设计成简单与造价低廉;对于可修复件,应设计成便于故障检测、隔离、拆换与修理。在使用阶段,则主要用于完善和修正现有的维修保障制度,提出改进建议,以降低装备的使用与保障费用。

我国于 1997 年发布了国家军用标准 GJB 2961—1997《修理级别分析》,该标准规定了装备寿命内进行 LORA 的要求和具体工作项目。

2.维修级别

维修级别是根据装备维修的范围与深度区分其任务并按维修时所处的场所划分的等级。我军现行的维修作业体制一般分为三级,即基层级、中继级与基地级。

(1)基层级维修(外场维修)。基层级维修是由装备使用人员和部队团以下维修分队所进行的维修。该级别只限定完成较短时间的简单维修工作,主要包括维修、保养、功能检查与定期检查以及常见故障的排除、外部调整、某些零部件的拆卸更换(包括小修)等。此外,还承担简单的战场抢修任务。该级一般配备初级技术水平的人员和有限的保障设备。

(2)中继级维修(野战维修)。中继级维修是指由军、师(旅)、军区修理大队等修理机构的专业人员所进行的维修。该级别承担较为复杂的维修工作,主要包括详细检查与检测、部分零件的修配与制作、完成较复杂的调校以及修理由基层级拆换下来的部分零部件(包括中修)等。此外,还承担战时主要维修保障和技术支援工作。该级一般配备中级技术水平的人员和较完善的保障设备与保障设施。

(3)基地级维修(后方维修)。基地级维修是指总部、军区、军兵种所属各类装备修理工厂或制造工厂等专业化修理机构的专业人员所进行的维修。该级别承担最复杂的维修工作,主要包括复杂调校、大修与翻修、复杂的事故修理,以及现代化改装和零备件制作等。该级一般配备有高级技术水平的人员和完善的保障设备与保障设施。

由于各军兵种装备特点、复杂程度和保障体制的不同,各维修级别的机构组成和具体任务会有差别。另外,由于电子设备占装备部件的比例愈来愈大和现代战争对装备保障的要求的提高,目前国外装备维修作业体制向两级发展,即基层级采用换件修理,修理件送基地级修理。

3. 装备修理约定层次

修理级别分析是以维修级别与装备修理约定层次的划分为基础的,因此,在进行修理级别分析之前,先要确定装备的修理约定层次。

装备修理约定层次的划分基本上要与维修级别的划分相一致,如为便于换件修理,多数装备修理约定层次设计成三级:外场可更换单元(LRU)、车间可更换单元(SRU)和车间可更换分单元(SSRU),并分别在基层级、中继级和基地级更换。但是,修理约定层次的划分还要考虑到装备的复杂程度,有的情况下修理约定层次可能多于维修级别,为了提高经济性,这时可在维修级别的基础上,划出更多的修理级别。

4.1.3.2　修理级别分析的过程

1. 分析的准备工作

LORA 应在装备寿命周期各阶段反复进行,通过系统的评估过程来实施,以得到有效的、经济的维修方案。LORA 的基础是使用方案、维修方案和装备设计的修理约定层次,在进行费用计算时需要保障性设计参数值和其他相关的设计参数值;在修理级别决策时,还要预先考虑有关非经济性因素,因此应预先做好准备工作。

(1)指标论证工作。确定装备的任务需求与使用要求,拟定与装备预定用途、利用率及军兵种保障体制有关的保障性约束,提出初始维修方案与预想的维修级别划分,进行指标论证和确定初步的保障性指标要求。

(2)制定维修方案与修理策略。通过保障性分析确定保障性指标要求和进行使用方案、维修方案、设计方案的权衡分析,制定修理方案与修理策略,为修理级别分析提供基础。

(3)装备的初始设计。在确定装备的性能指标要求和设计方案之后,着手进行技术指标的分配和装备的初始设计,确定装备初始技术状态,绘制设计图样和制作模型样机或初样机,进一步为修理级别决策提供依据。

(4)保障性分析数据要素。通过保障性分析获得分析的结果数据,如平均故障间隔时间、保障设备与维修人员需求以及各费用单元的估计值等,为修理级别分析,特别是其经济性分析提供所需的数据。

2. 非经济性分析

在分析过程中,有些非经济性因素将影响或限制装备修理的维修级别,通过对这些因素的分析,可直接确定装备中待分析产品在哪一级别修理或报废。因此,进行修理级别分析时,应先分析非经济性因素。

非经济性分析主要考虑安全性、维修可行性、任务成功性及其他战术技术因素。它从超越经费影响的限制因素和现有类似装备的 LOCA 决策出发,确定修理或报废级别。在非经济性分析中,将对分析产品的回答及原因组合起来,可唯一确定分析产品的维修级别,否则还需进行经济性分析。

3. 经济性分析

经济性分析的目的在于定量计算产品在所有可行的维修级别上修理的费用,并比较各个维修级别上的费用,以选择费用最低和可行的待分析产品(故障件)的最佳维修级别。

分析时,首先要进行是修理还是报废的决策,如果决策的结果是修理,则进一步确定最佳的维修级别,即修理费用最低的级别。最后,将修理或报废的决策作为原始数据提供给保障性分析,并影响维修方案的最后确定。

在进行经济性分析时,要考虑在装备使用期内与修理级别决策有关的费用,即仅计算那些直接影响修理级别决策的费用,其主要包括以下几项:

(1)备件费用。指待分析产品进行修理时所需的初始备件费用、备件周转费用和备件管理费用之和。

(2)维修人力费用。包括与维修活动有关的人力费用。

(3)材料费用。待分析产品修理所消耗的材料费用。

(4)保障设备费用。通用和专用保障设备的采购费用和保障设备本身的保障费用。

(5)运输与包装费用。指待分析产品在不同修理场所和供应场所之间进行包装与运送等所需的费用。

(6)训练费用。指训练修理人员所消耗的费用。

(7)设施费用。指对产品维修时所用设施的相关费用。

(8)资料费用。指对产品修理时所需文件的费用。

修理级别分析需要大量的数据资料,因此,在论证阶段和方案阶段初期进行修理级别的经济性分析可能是不适宜的,除非将所涉及的不定性因素和风险定量化。当有合适的资料可用时,在工程研制期间进行修理级别分析最为有效。但是,如果在工程研制阶段的后期再进行修理级别分析,则得出的结果可能太迟而不能影响设计。应根据占有数据的充分程度和可用性,尽早进行修理级别分析。有关详细的经济性分析将结合下面修理级别分析模型来说明。

4. 更改初始设计

影响设备设计是修理级别分析的目的之一。如果装备的初始设计做了更改,这些更改应在保障性数据中反映出来,于是,修理级别分析过程将反复进行,直到装备设计不再更改为止。此时,产品的技术状态成为最终的硬件设计,即可将设计输入到保障性分析记录中,作为使用与维修装备的依据。

4.1.3.3 修理级别分析模型——修理级别分析决策树

在修理级别分析中比较困难的是建立修理级别分析模型,因为分析模型与装备的复杂程度、装备的类型、费用单元的划分、修理级别分析的时机等多种因素有关。

可采用简化的修理级别分析决策树,初步确定待分析产品的修理级别。

一般情况下,将装备设计成尽量适合基层级修理是最为理想的设计。但是基层级维修受到部队编制和作战要求(修复时间、机动性、安全等)诸多方面约束,不可能将工作量大的修理工作都设置在基层级进行,而必须转到中继级维修机构和基地级维修机构进行。

分析决策树有以下 4 个决策点,先从基层级分析开始。

(1)在装备上进行维修不需将机件从装备上拆卸下来,可利用随装工具由使用人员(或辅以修理工)进行简单的修理工作。这类工作多属于较小的故障排除工作,其工作范围和深度取决于作战使用要求赋予基层级的维修任务和条件。

(2)报废更换是指在故障发生地点将故障件报废并更换新件。它取决于报废更新与修理的费用权衡。这种修理工作一般是在基层级进行的。

(3)必须在基地级修理是指故障件复杂程度较高,或需要较高的修理技术水平并需要较复杂的机具设备时的一种修理级别决策。如果在装备设计时存在着上述修理要求时,可采用基地级修理的决策,同时应建立设计准则,尽可能地减少基地级修理的要求。

(4)如果机件修理所需人员的技术水平要求不很高,保障设备是通用的,即使是专用的也不十分复杂,那么这种机件的修理工作设在中继级进行就属于明显的决策。

如果某待分析产品在中继级或基地级修理很难辨识出何者优先时,则可采用经济性分析做出决策。应该指出,同类产品,由于故障部分和性质不同,可能有不同的修理级别决策。

4.1.4　使用与维修分析

4.1.4.1　基本概念

1.概念

使用与维修工作分析(operation and maintenance task analysis,OAMTA)是保障性分析的重要组成部分。它是在装备的设计与研制过程中,将保障装备的使用与维修工作区分为各种工作类型和分解为作业步骤进行详细分析,以确定工作频度、工作间隔、工作时间,必需的备件、保障设备、保障设施、技术手册、各维修级别所需的人员数量、维修工时及技能要求。

使用与维修工作分析是保障性分析中工作量最大的一项分析工作,进行完整的使用与维修工作分析是准确有效地确定新研装备全部保障资源要求的方法。虽然分析过程需要耗费大量的人力与资金,然而,由分析工作得出准确的结果,可以排除因采用一般估计保障资源的臆测性和经验法所可能带来资源的浪费和误用。因此,分析工作所需的额外费用,可以由新装备在使用期间得到准确的资源保障和显著降低使用与保障费用的效益中得到很好的回报。

2.目的

进行使用与维修工作分析的主要目的如下:

(1)为每项使用与维修工作任务确定保障资源要求,特别要确定新的或关键的保障资源要求;

(2)确定运输性方面的要求;

(3)为评价备选保障方案提供保障资源方面的资料;

(4)为制定备选设计方案提供保障方面的资料,以减少使用保障费用、优化保障资源要求和提高战备完好性;

(5)为修理级别分析提供输入信息;

（6）为制定各种保障文件（如技术手册、操作规程、训练计划及人员清单等）和保障计划提供原始材料。

4.1.4.2　使用与维修工作分析过程

在装备的设计、研制过程中，随着研制工作的逐步深入，使用与维修工作分析要多次反复地进行，其分析过程如图 4-2 所示。

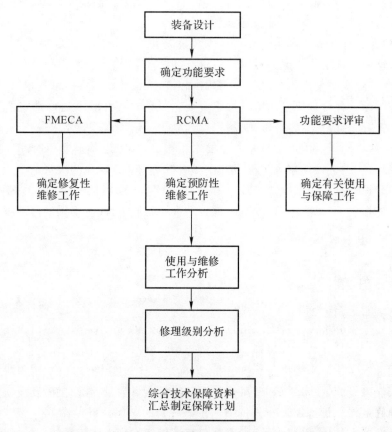

图 4-2　新装备研制中使用与维修工作分析一般过程

在方案阶段，为进行各使用方案、保障（维修）方案与设计方案的权衡，通过使用与维修工作分析确定新研装备所需新的和关键的保障资源要求。在装备的工程研制阶段，完成详细设计确定装备的技术状态后，通过详细的使用与维修工作分析，确定保障装备所需的全部保障资源要求，并为编制综合技术保障文件提供资料。

由图可知，使用与维修工作分析工作从功能分析开始，通过功能分析确定新研装备的每一备选方案（或选定方案）在预期使用环境中使用、维修与保障必须具备的功能，然后采用以下三种技术确定装备使用、维修与保障工作要求：

（1）用故障模式、影响及危害性分析（FMECA）确定新研装备及其部件的修复性维修工作要求。

修复性维修工作是装备的机件因故障或事故损坏所进行的修理工作，是一种非计划性的维修工作。它一般包括故障定位、故障隔离、分解、更换零部件、再组装、调校及检测，以及修复损坏件等维修作业。修复性维修可以在装备上进行原位维修,也可以将故障件拆卸下来进行离位维修;可以采用直接修复损坏件的原件修复,也可以采用换件修理,将拆换下来的故障件修复充当周转件。

(2)用以可靠性为中心的维修分析(RCMA)确定新研装备的预防性维修工作要求,特别要明确那些影响安全性、任务成功性和高修理费用的故障模式的预防性维修工作。

预防性维修是在故障发生前预先对装备所进行的维修活动,是一种计划性维修工作。预防性维修工作类型通常有保养、操作人员监控、使用检查、功能检测、定时拆修、定时报废和综合工作。其中,定时拆修按其修理的范围与深度分为小修、中修和大(翻)修。

(3)用系统功能要求评审确定装备在预期环境里一些使用与保障工作,包括使用前的准备、使用、使用后保养、校正、重新装载、再出动和运输等。

这一类使用与保障工作与装备预期环境中使用直接相关而一般又不属于直接维修的工作,主要包括装备使用前的启封、准备与检查校准,装备动用,使用后的保养与储存,再出动前的检查、加注油料、充气、补充与装填弹药,以及运输等。装备的类型与特点不同,这类工作的内容也不相同,有时将其主要工作归纳为保养和校准。

这里应当指出,还有一类战场抢修工作,由于它是在战场的条件下采用的简易和应急的修复方法,主要修复战斗中损伤的装备,因此,其修理的规程和所需保障资源与平时维修是有明显不同的。但是,这一类工作并不归入使用与维修工作分析之列,是在装备的初始部署期间,利用战斗毁伤试验的结果,进行战伤评估来确定战时保障资源要求。

在确定各种使用、维修、保障工作之后,对每项工作进行使用与维修工作分析,通过分析确定工作的频度、间隔、经历时间、工时数,以及具体的保障资源要求,为进一步进行维修级别分析和制定人员与训练要求、器材供应要求、运输要求,以及保障计划和各种综合技术保障文件提供依据。

通对使用与维修工作分析结果的分析与审查,可以从使用与维修工作的角度评价装备设计是否符合设计要求,修理级别的设计决策是否合理,并为提高装备使用适用性和维修效率而提出改进设计的建议,应考虑以下(不限于)问题:①一个通用的电路功能或一组相关的电路的各部分是否都安排在一个空间?②采用的插头、接头、继电器、电位计等数量是否减少到最低程度?③可更换的能互换的机件是否有防差错设计?④机件安装时是否有对准的导向装置或定位销?⑤部、附件的布局是否合理,维修时不致造成机件损坏或人员受伤?⑥检查点、测试孔和调整部位的可达性是否良好?⑦经常检查及修理的机件是否放在容易接近的位置?⑧对搬动困难、质量大或搬动频繁的设备是否提供了把手?⑨对拉动、滚动、滑动部位的搁板、架子等是否便于维修?

然后,将分析与审查的结果及时反馈给设计人员,以影响装备的设计。

4.1.4.3　使用与维修工作分析方法

1.使用与维修工作分析程序

使用与维修工作分析程序如图 4-3 所示。

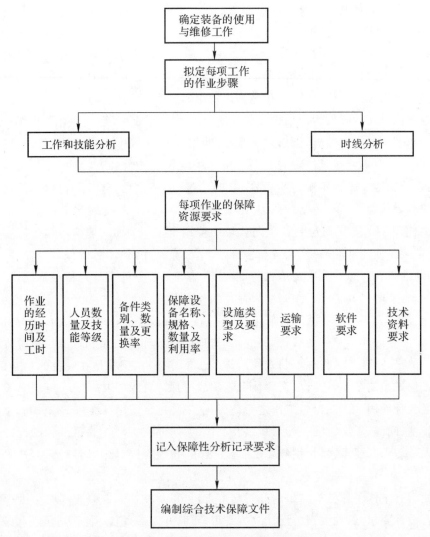

图 4-3 使用与维修工作分析程序图

由图 4-3 可见,使用与维修工作分析是从确定使用与维修工作开始,即分别确定各项修复性维修工作、预防性维修工作及有关使用与保障工作,然后对每项工作拟定详细的作业步骤,而后根据各项工作的特点,分别进行工作与技能分析和时线分析,通过分析确定每项作业步骤的保障资源要求,并记入保障性分析记录,最后为编制综合技术保障文件提供资料。

2. 工作与技能分析

工作与技能分析是对装备及其组成部分或保障设备的各项关键性的预防性维修、修复性维修以及保养与校准活动进行工作和技能分析,根据维修任务、使用方案、保障(维修)方案、人员与人力约束等,通过分析确定人力、技能和完成工作的时间间隔要求和所需的保障资源要求。

工作与技能分析的一般程序:

(1)列出进行分析的所有工作。根据保障性分析控制码列出所有分析的使用与维修工作,

并确定其工作码,主要包括:

1)工作功能,如检查、测试、保养、调整、校准、拆换、故障判断、修理等;

2)工作时间间隔,如计划的、非计划的、周期性、再出动准备、检查与校准、定期维修等时间间隔;

3)维修级别,如基层级、中继级和基地级;

4)可操作性,执行此工作时,关于该装备项目操作状态的规定;

5)作业序列,将每项工作分解为一系列作业与工序,并给出作业或工序代码,如工作功能、工作时间间隔和维修级别的组合码不够,则用此编码来确定工作代码。

(2)确定工作要求。根据预防性维修、修复性维修以及保养与校准工作要求等分析分别提出下列各项要求:

1)工作频次。对于预防性维修、保养与校准要求等工作可按年度装备使用要求确定该项工作每年进行的次数;修复性维修工作的间隔或频数,则根据产品的固有可靠性,制造缺陷或老化、磨损特性,相关故障,使用维修中诱发的故障,搬运造成的损坏等因素确定,用故障率表示。

维修频数还可以用拆卸频数、更换(消耗)频数、周转频数等表示。其中拆卸频数等于消耗频数与周转频数之和。

2)工作经历时间。完成此项工作所需的时间,可以是分配的经历时间、预计的经历时间和实测的经历时间。

3)试修项目。对于新装备中有些产品要经过中继级、基地级修理或拆修才能确定维修要求的,要安排试修项目,以确定维修要求。

(3)确定人员及训练要求。分析承担各项工作作业的维修与操作人员的数量、技术专业和技能等级,主要包括:

1)技术专业与技能等级。完成每项工作所需人员的技术专业代码、技能等级代码,以及所需的知识的鉴定。

2)人员数量与工时。完成每项工作所需人员的数量与工时,工时可以是分配的、预计的和实测的。

3)训练与训练设备要求。执行此工作的人员,所进行的岗前培训及训练所需的设备。

(4)确定保障资源要求。确定每项工作所需的保障资源,主要包括:

1)保障设备。列出每项工作、作业所需的维修、测试和搬运等设备及工具的名称、型号、数量及利用率。分析时一般应按下列程序考虑:

a.该保障设备是否必须,能否通过设计修改而取消?

b.该设备的使用环境,是在室内或在野外,是否经常移动,是固定式或是移动式的?

c.对设备的功能、性能、精度以及校准上有哪些要求?对同一地点所配备的各种测试设备要防止功能与性能上的重复;

d.有无现成的设备,是否一定要研制新品?

e.根据设备的利用率和使用时间,确定适当的数量。

2)保障设施。分析确定每项工作所需的保障设施要求,包括设施的类型(维修设施、供应设施、使用设施、训练设施等)、作业的面积与空间、作业环境(温湿度、洁净度、照明度等)、安全防护装置与消防设备、公用设施(水、电、暖、照明及通信等)、环境保护等要求。

3)器材。确定完成每项工作所需的零备件和消耗品,包括项目名称、件号、需要量。零备件的数量可按拆卸频数、消耗频数和周转频数计算。

4)技术资料。完成每项工作所需的技术资料,包括技术说明书、使用与维修手册、维修规程、图样、软件文档等。

3.时线分析

大部分复杂的使用与维修工作是需要多个操作人员协同配合完成和并行进行的,其经历时间的长短将直接影响装备的准备状态与可用时间,因此,需要进行时线分析。时线分析主要用于如下活动:①在一个时段内需1个或1个以上的人员同时连续地作业;②在一个时间段内要完成不同性质的工作;③要求操作人员密切协作来减少完成作业的时间。

下面以飞机再出动准备为例,说明时线分析的程度。

(1)按工作要求提出最佳的工作方案。飞机再出动准备方案是由悬挂方案和再出动前飞机的状态决定的。在这一段时间内要安装、拆卸或更换外部的吊舱、外挂(或内挂)导弹、弹药、副油箱及其它装载物,补充燃油、滑油、液压油及其它液体物质和氧气、氮气及其它气体等;进行飞行前重点项目的保养与检查。飞机的悬挂方案和准备前的状态不同,其准备方案就不同。每一个方案都应进行时线分析。

(2)按工作方案提出预计的作业项目和操作人员的数量及其专业。再出动准备方案的作业项目和操作人员的数量及其专业,在研制飞机时确定。除了检查接收飞机、清理现场、清点工具和最后检查外,其它作业应根据悬挂物的悬挂方案和再出动准备前的飞机状态来确定。

(3)按逻辑顺序排列各项作业。先应确定每项作业所需的专业人员和作业(工序)时间,然后找出主要时线,即必须按逻辑顺序进行的最长时线。这一时线确定了工作的总作业时间,其它一些作业可根据相互的关系,与主要时线并行进行,并按作业顺序画出时线分析表。要求表中不能有空闲时间,操作人员的空闲时间也要尽可能少;可以同时做的作业要同时进行,除必须由专业人员做的作业外,其它作业要开展各专业人员间的互助,在作业顺序的排列上要确保作业安全。

由图4-4可看出,该方案由4名机械、电气人员(1A、1B、1C、1D)和4名军械人员(2A、2B、2C、2D)来完成。其中,挂副油箱和飞机加油必须按顺序进行,而负责这两项工作的1C操作员还要进行取装干扰器、取地面保险销、清点工具、清理现场等项作业,这一连串的作业成为主要时线。此外,在序号3、8、9的作业项目,开展了专业人员间的协作。整个再出动准备时间为20 min。

要缩短飞机再出动准备时间,除了进行时线分析外,关键在于设计。可对设计提出如下三方面的要求:

(1)减少再出动的作业项目和内容。在设计飞机时要尽可能减少作业项目和每项工作的工序,如不需拆装、更换悬挂装置及其附件,不需通电检查功能,不用外部电源和外部冷却源(改用自保障)。

(2)缩短各项作业时间。如设计时,采取如下缩短作业时间的措施:采用压力加油,提高加油速度;射击武器系统集中配置,方便装退弹;采用地面预先装好弹的复式挂弹架、干扰弹投放器、火箭发射器等;快接、快卸的电、液、气接口;各种充、填、加、挂作业都不需用梯子,人在地面即可作业等。

（3）各项作业可同时进行。要考虑各项作业在飞机上的分布情况，并使挂卸悬挂物、补充弹药、加燃油、补氧和通电检查能够同时进行。

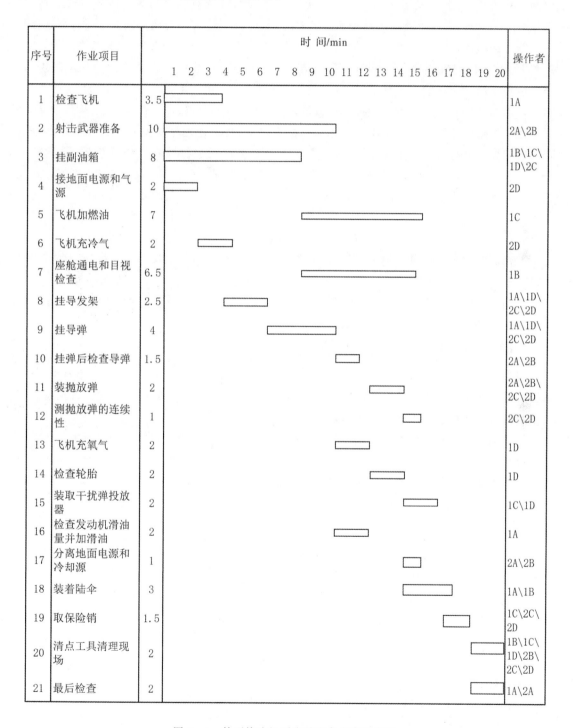

图 4-4　某型战斗机再出动准备方案程序图

4.1.4.4 使用与维修工作分析举例

现在列举一个飞机起落架系统维修工作分析实例,分析结果如图 4-5 与图 4-6 所示。根据 FMECA 的结果,判明飞机起落架系统的液压分系统的右侧自动阀有故障,确定其维修工作类型是修理,并在外场完成修理工作。在进行详细维修工作分析时,分析者要根据该部件的维修方法与操作规程,制定维修活动的作业卡,按作业卡上设置的步骤一步步地进行,如图 4-5 所示。对于分析维修工作的每一作业步骤,应记录完成该作业步骤所需的保障资源,即完成该作业步骤所需的人员数量、技术专业及技术等级,实际消耗的时间和工时数,保障设备、测量及诊断设备、工具、零备件的种类与数量,保障设施及其要求,技术资料要求,软件要求,还有为达到完成维修工作能力所需的训练与训练器材,以及维修工作中可能发生或出现的任何对安全和环境的危害等。上述的大部分保障资源要求都反映在维修工作分析图 4-5 与图 4-6 中。如此,对飞机所有使用与维修工作类型及其工作都进行详细的工作分析,则可以得出该飞机起落架所需的全部保障资源要求。

4.1.5 费用分析

寿命周期费用分析(life cycle cost analysis, LCCA)作为重要的保障性分析的相关辅助分析,用于对寿命周期费用进行有效的控制。寿命周期费用分析包括寿命周期费用结构分析和寿命周期费用权衡分析。前者是狭义的寿命周期费用分析,简称寿命周期费用分析。寿命周期费用估算是寿命周期费用分析的基础。

4.1.5.1 寿命周期费用结构分析

寿命周期费用结构分析是对寿命周期费用及各费用单元的估计值进行结构性分析研究,旨在确定寿命周期费用主宰因素(如可靠性、维修性、保障设备及某些新技术的引入)、费用风险项目及费用效能变化因素的一种系统分析方法。

寿命周期费用估算是寿命周期费用分析的基础,因此,寿命周期费用分析程序的大部分与寿命周期费用估算的一般程序相同,只是在得出估算结果后根据需要进一步分析寿命周期费用的主宰因素、费用风险项目和费用效能变化因素等。

4.1.5.2 寿命周期费用权衡分析

寿命周期费用权衡分析是以寿命周期费用或某个主要费用单元作为权衡的目标,权衡分析各备选方案,以确定最佳方案。它常用于寿命周期费用与系统效能或各项指标效能之间进行权衡分析,称为费用-效能分析。常见的寿命周期费用权衡分析的对象有以下几项:

(1)寿命周期费用与战备完好性的权衡分析;

(2)寿命周期费用与可靠性、维修性的权衡分析;

(3)寿命周期费用与主要作战性能的权衡分析;

(4)研制费用与使用保障费用的权衡分析;

(5)订购费用与使用保障费用的权衡分析;

(6)研制费用与研制周期的权衡分析;

(7)使用保障费用中各费用单元之间的权衡分析。

1.系统设备: 转向系统	2.机件项目名称/件号: 液压分系统	3.上一层次机件项目: 转向系统/A45400	4.维修要求说明: 液压分系统右侧自动阀的故障必须修理, 以恢复复驾驶系统的全部工作能力
5.维修工作类型号: 02	6.维修工作类型: 修理	7.工作频次: 0.000486	8.维修级别: 中继维修级　9.维修分析控制号: A10000

10.作业序号	11.作业说明	12.维修作业经历时间/min	13.全部经历时间/min	14.工作频次 次	15.维修工时 初级	中级	高级	共计
0010	驱动阀门2关闭右侧泵的压力	①	2	0.000486		2		2
0020	使应急手泵工作	③	23		23			23
0030	拆下1½外管	① ②	10		10	10		20
0040	拆下3/4外管	① ②	4		4	4		8
0050	从分系统上拆下自动阀组件	① ②	2		2	2		4
0060	管上安装凸缘, 停止手工作; 驱动阀门3开动左侧泵(分系统压力)	①	7			7		7
0070	将阀门组件送往中继修级车间	① ②	13		13	13		26
0080	分解阀组件, 并拆下阀杆和柱塞; 拆下阀门PN16742-1		18			18		18
0090	将阀门送往机械车间	②	8		8'			8

编号	工作内容				总计
0100	加工和清洗阀门	33		33	33
0110	清洗阀杆、柱塞、弹簧组件	19	19		19
0120	安装阀门、柱塞、弹簧，衬垫和密封圈组成的阀门组件	17	17	17	17
0130	检测自动阀门组件	12	12	12	24
0140	将阀门组件送往分系统，安装准备	13	13	13	26
0150	停止左侧泵工作，驱动阀门13并启动手泵	23	5	18	23
0160	将管上凸缘拆下，安装阀门组件	6	6	6	12
0170	接上 3/4 外管	5	5	5	10
0180	接上 $1\frac{1}{2}$ 外管	7	7	7	14
0190	停止手泵工作，驱动阀门2，启动右侧泵	4	4	4	4
	总计	184	121	140	294

日期　年　月　日　　总计

制表人：

图 4-5　维修工作分析实例

1. 项目名称及件号：液压分系统 A12345	2. 维修工作类型号：02	3. 维修工作类型：修理	4. 工作频次：0.000484	5. 维修级别：中继级	6. 维修分析控制编号：A10000

7. 工作序号	更换件		10. 更换数量	测试与保障/搬运设备			16. 设施要求的说明	17. 专用技术数据、规程
	8. 数量	9. 更换件名称/11. 件号		12. 数量	13. 项目名称/15. 项目件号	14. 使用时间/min		
0010								
0020								手动泵操作规程 液压分系统维修方法（MP3201）
0030				1	1½板手/600120-2	10		
0040				1	3/4扳手/645809-1	4		
0050				1	搬送小车/S101-4	2		
0060				1	1½法兰/AA123	150		
				1	3/4法兰/AB122	150		
0070				1	搬送小车/S101-4	13	中继级维修车间	
0080				1	1/4扳手/632111-1	18		
0090				1	起子/732102	18		
0100				1	研磨机/BA101	83	机加工车间（有清洁设施）	研磨机/抛光机操作规程
					抛光机/C32101			（OP3104 与 OP3107）
0110	1 加仑	溶剂/5A123	1					
0120	1	衬垫/AN11B-1	1				中继级维修车间	液压分系统维修方法（MP3201）
0130	2	O形环/AN9001-2			气压测试台/HI-162	12		气压测试台操作规程

0140					液压分系统维修方法（MP3201）
0150				搬送小车/S101-4	13
0160				1$\frac{1}{2}$扳手/600120-2	6
0170			3/4型衬垫/AN912 1	3/4扳手/645809-1	6
0180			1$\frac{1}{2}$型衬垫/AN977-1 1	3/4扳手/645809-1	5
0190				1$\frac{1}{2}$扳手/600120-2	7

制表人：　　　　　　　　　　　日期：　　年　月　日

图 4-6 维修工作分析实例

4.1.5.3　寿命周期费用分析的主要应用

寿命周期费用分析在保障性分析中应用十分广泛,在保障性工程中主要用于以下几个方面:

(1)通过类似装备的寿命周期费用分析,为制定寿命周期费用指标或费用设计指标提供依据;

(2)通过寿命周期费用权衡分析评价备选使用方案、保障、进度与性能之间达到最佳平衡的方案;

(3)确定寿命周期费用主宰因素,为装备的设计、改进、费用方案与保障计划的修改及调整提供决策依据;

(4)为制定型号研制管理计划和订购计划提供有关寿命周期费用分析的信息和决策依据,以便能获得具有最佳费用效能或以最低寿命周期费用实现作战任务的装备。

4.2　保障资源确定的一般流程

保障资源是进行航空装备使用和维修等保障工作的物质基础。综合保障工程最终的目的是要提供航空装备所需的保障资源并建立保障系统。保障资源包括物资资源(如保障设备、设施备件等)、人力资源(如人员与专业技术水平)和信息资源(如技术手册与计算机软件等)。通过信息资源将物资资源和人力资源与装备之间有机结合起来。航空装备使用与维修保障所需的资源通常是不相同的,这两方面的资源一般是不通用的,但研制的基本过程是相似的。本节将从人员和专业技术水平、供应保障、保障设备、技术资料、训练和训练保障、计算机资源保障、保障设施以及包装、装卸、储存和运输等八大要素对其进行详细描述。

4.2.1　人员和专业技术水平

人员和专业技术水平是使用与维修装备的主体,是战斗力的组成部分。某一新型航空装备投入使用后,总需要有一定数量的并具有一定专业技术等级的人员从事装备的使用与维修工作。在新装备研制过程中,对人员及技能水平的要求是优先考虑的因素之一。

使用与维修人员具有的技能应与装备的特点和对装备的使用与维修工作的技术复杂程度相一致。若使这些人员能有合适的能力与知识去完成使用与维修工作,有两方面的问题需要考虑:一是确定了人员的专业技能要求之后,可通过人员培训来弥补需求与实际技能之间的差距;二是对装备设计施加影响,使装备尽可能地便于使用和维修(包括应用先进和适用的保障设备),使人员的工作大大简化。但不管怎样考虑,确定人员数量、技术专业和技术等级要求是研制过程中必须要做的工作。

4.2.1.1　确定人员数量、技术专业和技术等级要求

在进行新装备研制时,使用部门常把人员的编制定额和人员可能达到的文化水平作为确定人员要求的约束条件向承制方提出。因此要根据对装备的使用与维修工作任务分析结果,并考虑部队使用维修人员的编制员额、平时和战时任务兼顾等方面的问题来确定人员数量、技术专业和技术等级要求。

人员的数量和专业技术等级通常依据不同使用单位和维修级别按下列步骤加以确定。

1.确定专业类型及技术等级要求

根据使用与维修工作任务分析所得的不同性质的专业工作加以归类,并参考在类似装备上服役人员的专业分工,可以提出使用人员的专业,如驾驶员、轮机员、车长和炮手等,维修人员的专业(如机械修理工、光学工、电工和仪表工等),并确定其相应的技能水平要求。其中对使用操作人员的技能水平与要求的确定还应进行人机工程分析,以便人、机能够适应。

2.确定使用与维修人员的数量

确定使用操作人员的数量相对来讲较为容易,因为使用装备的工作是作为主要职能分配给使用人员的,如某种新研坦克,根据职能分配需要 3(或 4)名乘员,战斗机需 1 名驾驶员等。但是,对于一套导弹武器系统或一艘军舰,可能需要几十或上百人,这时就需要通过使用工作任务分析,得到每项工作所需的人员数量,然后才可得到使用每一装备所需的总人员数量。

维修人员的确定比较复杂,有时维修人员并没有与特定装备存在一一对应的关系,因而在确定保障这种装备所需的维修人员数量时,就需要做必要的分析工作。根据装备的特点和维修任务不同,维修人员预计可以有很多不同的模型,下面介绍一种较通用的平时人员预计方法。通常,第一步利用故障模式、影响和危害性分析及以可靠性为中心的维修分析,确定出预防性维修工作任务及修复性维修工作,并确定出需实施的全部维修工作任务。第二步是预测保障每项工作所需的年度工时数,其中需确定维修工作的频度和完成每项维修工作所需的时数。然后根据全年可用于维修的工作时间求得所需人员总数。式(4-1)为预测装备维修人员总数的公式:

$$M = \frac{NM_H}{T_N(1-\varepsilon)} \qquad (4-1)$$

式中:M——维修人员总数;

T_N——(全年日历天数−非维修工作天数)× 每日工作时间,也称年时基数;

ε—— 设备计划修理停工率;

N—— 装备总数;

M_H—— 每年每台装备预维修工作工时数(每台装备维修工时定额);

$$M_H = \sum F_i T_{ij} N_j$$

式中:F_i——i 项维修工作任务年工作频度;

T_{ij}——j 类部件(组件)i 项维修工作任务的每次维修工作时间;

N_j—— 装备上被保障的 j 类部件(组件)的数目。

另外,也可以由使用与维修工作分析汇总表,计算各不同专业总的维修工作量,并按式(4-2)粗略估算各专业人员数量。

$$M_i = \frac{T_i X}{H_d D_y y_i} \qquad (4-2)$$

式中:M_i—— 第 i 类专业人数;

T_i—— 维修单台装备第 i 类专业工作量;

X—— 年度需维修装备总数;

H_d—— 每人每天工作时间;

D_y—— 年有效工作日;

y_i —— 出勤率。

上述分析结果还应与相似装备的部队编制人员专业对比做相应的调整,初步确定出各专业人员数量,并通过选拔与专业培训、使用试验与部署试验加以修正。表 4-3 所示为人员数量与技术等级要求汇总报告格式的一种示例,用以确定人员及专业技术要求。

表 4-3　人员数量与技术等级要求汇总报告示例

第一部分　使用人员及基层级、中继级维修人员数量与技术等级信息
第一节　前言 简述报告目的
第二节　装备概述 对装备的详细描述,包括其目的、使用特点、维修及使用原理
第三节　维修和使用提要 简述实施使用和维修所需的技术专业、使用时间预计以及使用保障设备等
第四节　技术专业说明 详细描述实施使用和维修所需技术专业,包括完整的工作目录、所需使用的保障设备。工作时间与频度年度工时要求以及工作熟练程度
第五节　初始人员配备估计 对新研装备系统初始人员配备的建议,包括人员配备资料、编制一览表及其他适用的资料
第六节　特殊问题 详述影响人员计划拟定的问题或相关因素
第二部分　基地级保障人员要求的数量与技术等级信息 这部分是第一部分第四节到第六节的重复,但说明的是对基地级的人员要求。如果由职工完成该级的工作,则应按职工的技术等级进行说明

需要特别注意的是,在确定使用与维修人员数量与技术等级要求时,要控制对使用与维修人员数量和技能的过高要求。由于编制等各方面原因,人员不可能无限膨胀,技能也受到兵员服役年限和受训时间的限制。因此,当人员数量和技术等级要求与实际可提供的人员有较大差距时,应通过改进装备设计、提高装备的可靠性与维修性水平、研制使用简便的保障设备和改进训练手段以提高训练效果等方面对装备设计和相关保障问题施加影响,使装备便于操作和便于维修,以减少维修工作量和降低对维修人员数量和技术等级要求。这是装备发展和对使用维修工作要求的一种趋势,即当装备越复杂时,越应努力减少对使用与维修人员的技能要求。战时,为适应战场修理机构的机动性要求,可考虑战损修复专业技术的特点,在战斗中配备不同工种专业人员作为机动维修小组。机动小组平时参加正常维修作业,但定期接受战场修理技术训练,做到平战结合。战场修理人员数量与专业的确定要从生存性分析中获取必要的信息。现以坦克战场修理为例加以说明。通常,战场修理按机动维修小组每昼夜可修复损伤的车辆数量作为预计的根据。坦克的战损程度可分四级,即轻度损坏、中等损坏、严重损坏和报废。每级都规定了损伤的项目和损伤范围。机动小组数目 (G) 的估算公式为

$$G = N\alpha\beta_i/n_i \qquad (4-3)$$

式中:N —— 装备总数;

α—— 参战率;

β_i—— 每昼夜 i 级战损比率;

n_i—— 每昼夜维修机动小组可修复 i 级损伤的装备数。

式中所需数据可用战损评估或模拟试验以及从分析历史资料中获得(如轻度损坏 $n_{轻}=$ $2\sim3$;中等损坏 $n_{中}=1$)。

应该在装备论证时就明确人力的大体要求,在方案阶段就应对人员要求进行初步估算。初步估计值是在分析基准比较系统的基础上得出的。在工程研制阶段,随着设计的深入与完成,可有大量数据来进行详细的使用与维修工作分析,在此基础上可以得出更为准确具体的人力估计值。

4.2.1.2 人员来源与补充

新装备的部署,多数情况下是以替换原有装备的方式进行的。因此所能提供的人员和技术等级只能从现有部队人力资源中获得。新装备与原有装备总是存在较大的差异,可能需要某些特殊的工种,特殊的保障分队。这需要通过培训或内部的人员调剂来解决,必要时需要调整编制以满足新装备需要。因此在研制过程中尽早提出人员要求,将是非常重要的。这是保证装备配发部队以后,能有足够的具有合适技能的人员进行保障的主要途径。

4.2.1.3 案例分析

某型歼击机空勤机组共计 1 人,该型飞机为双座飞机,设置两名驾驶员。对空勤人员的学历要求满足本科学历,同时身体素质要求满足相应的空勤素质要求,同时满足飞行 500 h 的飞行经验。

地勤保障分为 4 个专业,分别为机械、航电、特设、军械专业,其技能水平要求具有大学本科以上学历。

根据公式(4-1),全年日历天数以 365 d 计算,非维修工作天数共计 30 d,每日工作时间为 8 h,设备计划修理停工率为 0.2,装备总数为 24 架飞机;该型飞机涉及维修工作主要包括飞行前后检查、定检、故障排除等内容,以雷达为例,装备被保障的航电类部件数目为 10 件,航电类部件雷达维修工作任务的每次定检维修工作时间为 0.2 h,维修工作任务年工作频度为 20 次,故障排除工作时间为 1 h,维修工作任务年工作频度为 10 次,飞行前后检查等预防性维护时间为 0.1 h,工作年频度为 180 次,惯导系统等航电部件与之相似。具体系统划分如图 4-7 所示。则

$$M_H = \sum F_i T_{ij} N_j = 0.2 \times 20 + 1 \times 10 + 0.1 \times 180 + \sum_{other} FTN = 894$$

$$M = \frac{NM_H}{T_N(1-\varepsilon)} = \frac{24 \times 894}{(365-30) \times 8 \times (1-0.2)} = 10$$

根据式(4-2),以机械专业为例,维修单台装备机械专业工作量为 45(注:根据历史经验计算得出);年度需维修装备总数 24 架飞机;每人每天工作时间 8 h;年有效工作日 250 d(注:根据国家法定工作日平均值计算);出勤率 0.9(注:出勤率 = 实到人数 / 总人数)。

$$M_i = \frac{T_i X}{H_d D_y y_i} = \frac{45 \times 24}{8 \times 50 \times 0.9} = 3$$

其他专业与上述计算过程相似,根据公式(4-2),可得到特设专业需 2 人,航电专业需 2 人,军械专业需 3 人。具体配置见表 4-4。

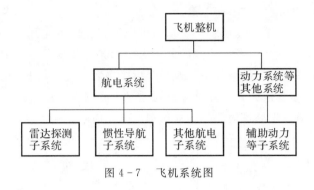

图 4 - 7　飞机系统图

表 4 - 4　人员配置比例表

维修专业	人员配置		备注
	维修师	维修员	
机械专业	1	2	——
特设专业	1	1	——
航电专业	1	1	——
军械专业	1	2	——

另外,在场站保障人员方面,需考虑航材、军械、油料、蓄电池充放电等保障人员的配置比例和构成。

4.2.2　供应保障

航空装备的使用和维修需要大量的器材,这里的器材包括备件和消耗品。备件用于装备维修时更换有故障(或失效)的零部件,消耗品是维修所消耗掉的材料,如垫圈、开口销、焊料、焊条、涂料、胶布等。根据资料统计,在寿命周期中维修所需的器材费用占整个维修费用的60%～70%。可见供应保障是综合保障工程中影响费用和功能的重要专业工作。

供应保障是确定装备使用和维修所需器材的数量和品种,并研究它们的筹措、分配供应、储运调拨以及装备停产后的器材供应等问题的管理与技术活动。供应保障的目标是使装备使用与维修中所需的器材能得到及时和充分的供应,并使器材的库存费用降至最低。为此,供应保障主要解决两个方面的问题:一是确定装备器材的需求量;二是确定装备器材的库存量。确定装备器材的需求量的关键是能准确掌握装备的故障率,而决定库存量大小的关键则取决于对装备器材库存的合理控制。

从备件提供的时间上来区分,可以分为初始备件和后续备件,即装备初期使用中应保障供应的备件和装备后续正常使用与维修所需的备件。此外还应考虑停产后的备件供应与战时供应问题。

4.2.2.1　供应保障工作的主要内容

初始供应工作的重点是确定初始备件的需求量,规划装备在使用阶段初期的备件供应工作。后续供应工作的重点是对备件库存量的控制,保证装备的正常使用和维修有充足的备件。

初始供应的大部分工作主要在装备研制阶段由研制部门（承制方）完成。初始供应工作一般开始于签订供应合同，结束于提交初始备件。初始供应期间完成的工作对后续供应工作有重要影响，因此在初始供应阶段还应考虑后续阶段所需要的备件供应的原则、数量和方法，此外在工程研制阶段拟定装备停产后供应保障以及战时供应保障等若干问题。

图4-8所示为大型复杂装备备件供应规划过程的示意图，图中虚线部分为保障性分析工作。其中应特别重视通过现场供应保障的评价提出纠正措施。

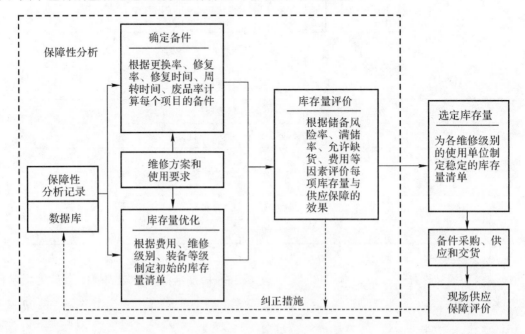

图 4-8　备件供应规划过程

1.初始供应保障工作

初始供应工作是整个供应工作的基础，因为它所确定的供应内容和原则，经批准后将形成库存管理文件和编码要求，经实施后如要更改是比较困难的。初始供应保障工作由承制方会同使用方共同规划实施，主要内容如下：

（1）确定各维修级别所需备件的数量和各种清单，如零件供应清单、散装品供应清单及修复件供应清单等。清单中应包括备件的名称、备件数量、备件库存量等。

（2）拟定新研制装备及其保障设备、搬运设备及训练器材所需备件的订购要求，包括检验、生产管理、质量保证措施及交付要求。

（3）制定与使用和维修备件有关的库存管理的初始方案，包括备件的采购、验收、分发、储运及剩余物资处理等。

（4）拟定装备停产后备件供应计划。

初始备件计划一般保证1～2年的初期使用要求，因为主要备件从订购到收到的生产周期一般为1～2年。如果初期库存量不足不仅影响使用，还将使战斗力的形成时间推延，是十分不利的。另外，在这个时期要通过现场使用评价累积经验用以估算后续备件的订购。

2. 后续供应保障工作

后续供应保障一般由使用方负责规划实施。各军兵种按初期供应拟定的清单及管理要求,结合初期的使用实际进行备件供应数据的收集和分析并做出评价,及时修订备件需求,调整库存和供应网点,改进供应方法,实施和修订装备停产后备件供应计划。

3. 战时器材供应保障

战时装备的损伤率很高,除了自然损坏外,还包括战损。战损维修所需备件的供应十分复杂,它有时间要求紧迫、备件需求波动极大、难以事先预计、补给困难以及组织协调复杂等特点。因此为了降低战时器材保障的负担,应对战时器材的储备做专门的研究。

为了保证战争期间有符合质量要求的器材,应拟定战备器材储备和供应计划。根据作战任务和供应范围,通常实行统一规划、分级储备的原则,即战略储备、战役储备和战术储备。这种储备应在装备部署后立即开始筹措,它是一种较长时间的储备。储存数量和期限应根据作战任务、环境特点和储存的经济合理性综合权衡加以确定。战术储备通常依据预计任务、装备数量、使用强度、战损估算、环境条件和运输能力、地方支援的可能性以及修理的方法(一般以快速修理和换件为主)等制定储备器材基数。由于是较长时期的储存,在库存管理上是要保持库存器材的质量,使其不改变原有的使用价值,应采用合理的封存和包装,并适时检查更新。当在实践中发现储备不合乎需要时,应及时修订储备量和分布地域。

4.2.2.2　确定备件品种和数量

确定保障维修中所需备件的种类和数量是进行有效的修复工作的必要条件。由于影响备件需求的因素很多,如装备的使用方法、维修能力、环境条件以及装备质量和寿命周期的变动等,因此还没有一种准确确定备件需求和库存的方法。通常可利用过去的经验和类似装备的需求,规划今后给定的一段时间内所需备件的预计数。例如,通过使用与维修任务分析和有关试验和消耗统计资料,并考虑其故障率,列出装备维修所需的每一备件清单,通过计算和分析判断及比较类似装备备件需求的经验数据,制定出最佳的备件供应清单。计算中需要的基本数据主要有平均故障间隔时间、每年的使用小时数、任务持续时间、一台装备上含有同类零件的数量、更换率、备件修复可利用率和废品率等。

1. 初始备件量的计算

初始备件量的理论计算多采用泊松分布,通常假定备件需求数服从泊松分布,可利用下式计算初始备件数:

$$P = \sum_{n=0}^{n=s} \left[\frac{(\lambda N_i t)^n e^{-\lambda N_i t}}{n!} \right] \tag{4-4}$$

式中:P—— 一旦需要时能够取得备件的概率;

　　S—— 初始备件量;

　　λ—— 第 i 类零件的故障率;

　　N_i—— 一台装备上第 i 类零件的数量,即单车(机)基数;

　　t—— 使用时间或预防缺货的间隔时间。

式(4-4)计算比较麻烦,也可采用由式(4-4)推导出的经验公式计算,即

$$S = \lambda N_i t + \sqrt{\lambda N_i K t} \tag{4-5}$$

式中:K—— 备件保障水平,$K = U_P$,U_P 为标准正态分布相应概率为 P 的上侧分位点。

对于某一机件,不同的修理原则,所对应 t 的取值有所不同。除了上面介绍的泊松分布外,初始备件数的理论计算值 Q 也可利用下式估算:

$$Q_i = \frac{NN_i T}{T_{\text{BR}i}} \tag{4-6}$$

式中：Q_i—— 装备上第 i 类零部件在 T 时间内所需备件数；

    N—— 装备总数；

    N_i—— 一台装备上,第 i 类零部件数,即单车(机)基数；

    T—— 使用时间,即初始备件的保证期限,一般为 $1 \sim 2$ 年；

    $T_{\text{BR}i}$—— 第 i 类零部件的平均维修更换间隔时间,即

$$T_{\text{BR}i} = \left(\frac{1}{T_{\text{BRpt}i}} + \frac{1}{T_{\text{BRct}i}} \right)$$

式中：$T_{\text{BRpt}i}$—— 预防性维修更换间隔时间；

    $T_{\text{BRct}i}$—— 修复性维修更换间隔时间。

初始备件的实际需求量应根据对理论计算值加以修正后得到,需考虑的因素有使用强度和环境、使用和维修人员技术等级、零部件质量以及管理水平等。在资料不足时,可利用类似装备的类似零部件估计,也可以按部队年实际消耗分析而得。

2.后续备件量的计算

后续备件供应一般以年为单位来计算,所以也可称为年度备件需求数。确定备件年度需求数的主要依据有年度计划任务量、定额资料、历史统计资料等。

年度计划任务量是指在计划期内需要完成的装备维修及其有关的各项任务的数量。

定额资料是指在一定条件下,规定备件消耗方面应当遵守和达到的标准量资料。如备件消耗定额、备件储备定额和维修费用定额等。备件消耗定额是指在一定条件下,完成一台装备维修或单位产品所规定的消耗备件的标准数量。备件消耗定额的计算公式为

$$Q_{\text{f}} = N_i P_{\text{f}} \tag{4-7}$$

式中：Q_{f}—— 备件消耗定额；

    P_{f}—— 备件更换率。

备件的年度需求数的计算公式为

$$R = W Q_{\text{f}} \tag{4-8}$$

式中：R—— 某种备件的年度计划需求量；

    W—— 年度计划任务量。

这种计算方法实际上是建立在统计的基础上。影响需求量精确与否的主要因素是消耗定额标准的准确程度和年度计划任务量的计算。

这种方法往往使计算出的需求数偏高,造成器材积压。年度备件需求数也可用式(4-6)来计算,只是做一下修正。将式中的 T 变为年度使用小时或次数(T_{OP}),对于可修复件和不可修复件应分别计算,可修复件修复后将归入周转备件继续使用,其需求量(Q_i)的计算公式为

$$Q_i = \frac{NN_i T_{\text{OP}}(1 - \mu)}{T_{\text{BR}i}} \tag{4-9}$$

式中：T_{OP}—— 年度使用小时(或次数)；

    μ—— 修复后可继续使用的百分数。

对于不可修复件的数量,令式(4-9)中的 $\mu = 0$ 即可求出。对装备所需的备件,应制定专门的供应清单,说明其名称、规格、种类、数量以及特殊要求等,这是供应保障的一项重要文件。

4.2.2.3　备件库存控制

备件储存是指在装备使用中,为保证其工作正常进行,备件已经取得,而尚未正式投入使用,存储在仓库的过程。储存的数量即库存量,有时简称库存,对库存量的大小进行控制的技术,叫作库存控制技术。库存控制的目的是为了满足装备使用与维修工作的要求和以最低的费用在合适的地点保存恰当数量的备件。

1. 库存控制过程

库存控制包括订货、进货、保管、供应等四个过程。这个过程从理论上讲十分简单,但它受诸多因素影响,如装备使用与维修备件需求的波动,备件供货的时间间隔,备件生产周期,仓储环境、地理位置、运输条件以及备件储存寿命和备件的价格等,因此确定合理库存成为极其复杂的问题。

装备备件储存分平时周转储存和战备储存。平时储存可利用各种模型辅以必要的修正系数或经验系数加以计算,并在使用过程中加以完善。战备储存则根据作战任务统一规划分级储存,其中包括战略、战役和战术储存。

平时周转储存可利用各种库存模型确定其库存量,目标是满足使用费用最低,既不积压资金,又要保证需求。模型中要根据供需情况做必要的假设和简化,只要假设和简化是合理的,按模型确定的库存量是有参考价值的。

衡量备件库存量合理与否的主要指标是储备定额。对平时周转储存来说,按其形态可分为经常储备定额和保险储备定额,经常储备定额是指在两次进货的间隔期内,为保证正常供应的需要而规定的储备标准数量;保险储备定额是为保证供应过程中发生意外情况时,能不间断供应而规定的标准数量。对各级维修机构的备件储备期限要分别做出规定保险储存定额,可以用附加储备天数计算,或根据不同备件的实际情况加以修正。图4-9所示为供货发放、订购及运送保持一定备件储备的备件理论库存循环过程。

图4-9只是理论上的库存循环,实际上备件需要量并非总是保持不变的,有时供货可能高于额定的储备标准,有时发放大于储备出现不足。因而供货周期也应随之改变,如图4-10所示。

2. 经济订购批量法

库存要占用一大批资金,因此在考虑库存时(特别是平时),总是要求使库存费用最低来决定库存订货的批量,这就是经济订购批量法。经济订购批量法,是以某种器材一次进货数量(批量)作为确定该种器材储备定额的方法。经济订购批量理论广泛地运用于各种库存模型,以确定最经济的订购批量(EOQ)。比较常用的库存模型有以下几种:

(1)按备件供货时间划分的库存模型。如不允许缺货、瞬时进货;不允许缺货、边进货边消耗;允许缺货、瞬时进货等几种模型。

(2)随机型库存模型。通过备件需求量的不同概率分布(如二项分布、正态分布或泊松分布)来确定库存量的模型。

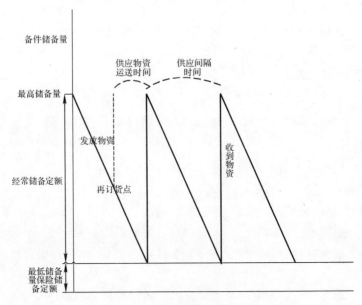

图 4-9 理论的库存循环过程

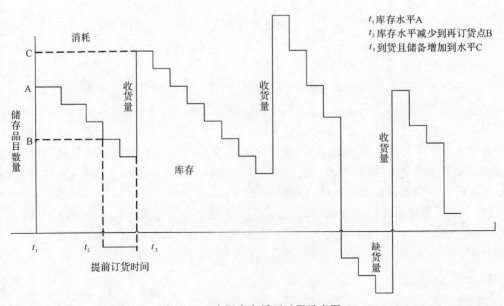

图 4-10 实际库存循环过程示意图

(3)供应期库存模型。这种模型所考虑的主要问题不仅是备件需求,更多的是根据备件生产周期、供货周期、订货发货的制约以及运输限制而制定的。

经济订购批量的目的是在降低库存总费用的同时,保障用户获得充足的备件。订购费一般随一个时期内订购次数的变化而变化,订购次数增加,备件的订购费用增加,库存管理费用减少;订购次数减少,订购费用降低,但库存管理费用增加。这两项费用之和的最低点就是理想的经济订购量(见图 4-11)。图中的库存总费用(C)可用简化的公式(4-10)表示。

$$C = C_a + C_b = \frac{QC_2}{2} + \frac{RC_1}{2} \tag{4-10}$$

式中：C_1—— 每份订单（或每次）的平均订购费；

$\quad$ C_2—— 单个零件的库存管理费；

$\quad$ R—— 备件的年需要量；

$\quad$ Q—— 订购批量。

若 R 为常数，则 C 为 Q 的函数，对式（4-10）求极值，可得出经济订购批量（Q_0）的计算公式为

$$Q_0 = \sqrt{\frac{2RC_1}{C_2}} \tag{4-11}$$

每年的订货次数 n 可由下式确定：

$$n = \frac{R}{Q_0} = \sqrt{\frac{RC_2}{2C_1}} \tag{4-12}$$

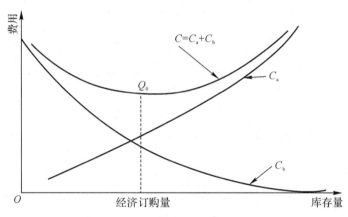

图 4-11　经济订购批量原理图

库存控制与军兵种供应体制有极为重要的关系，其中供货的范围（详细名称和目录、调拨或自行采购）、直接供货或中转供货网点远近和运输条件以及管理要求等均对库存量影响较大。因此，在综合保障工程中除了提出供应的内容与数量外，还要在部署装备之后做好供应保障的评价工作，并加以修订和调整。

4.2.2.4　案例分析

供应保障包括备件和油料。

1. 备件

本章节初始备件数的理论计算值 Q 利用公式（4-6）进行计算，某型号飞机发动机在役飞行使用共计 51 台，每台发动机共有 33 件密封圈，该密封圈的保证期限为 2 年，该密封圈的预防性维修更换间隔时间为 1 个月，修复性维修更换间隔时间为 2 个月，则

$$T_{BRi} = \left(\frac{1}{T_{BRpti}} + \frac{1}{T_{BRcti}}\right) = (12 + 6) = 18$$

$$Q_i = \frac{NN_iT}{T_{BRi}} = \frac{51 \times 33 \times 2}{18} = 187$$

即该型发动机密封圈在 2 年时间内所需备件数为 187 件。

飞机随机备件目录按照各系统所需备件列出，备件目录包括备件名称、件号、数量、装配处、备注等内容。某型号飞机部分备件目录见表 4-5。

表 4-5　某型号飞机备件目录清单

序　号	名　称	件　号	数　量	装配处	备　注
1	垫片	SA.0.233	30	飞附机匣	—
2	密封圈	SA.0.323	80	滑油泵处	—
3	密封圈	SA.0.324	90	通风管处	—
4	密封圈	SA.0.325	30	通风管处	—
5	密封圈	SA.0.326	15	供油管处	—
6	锁片	SA.0.356	20	飞附机匣	—
……	……	……	……	……	……

2. 油料

飞机目前使用的油料主要有燃油、液压油、润滑脂和特种液体。其特种油料储存量根据飞行频次、单架次耗油量及贮存罐容积等因素决定，需根据实际情况确定。

如某机场共有某型飞机 200 架，该型飞机单架次消耗燃油 3 t，平均每架飞机每月飞行 30 架次，则该机场每月至少储备燃油数量为

$$Q=200 \times 3 \times 30 = 18\ 000\ t$$

另外还需考虑运输途中、飞机损耗等耗损油量，需乘以相应的冗余倍数。

4.2.3　保障设备

用于使用与维修所需的任何设备均可称为保障设备。保障设备的研制是保障资源研制中重要的和较复杂的工作。主要是因为现代化航空装备的保障设备，特别是测试设备日益复杂，价格也越来越高；同时保障设备本身的维修、备件供应、测试和人员训练要求也很复杂。

4.2.3.1　保障设备的分类

保障设备包括使用与维修所用的拆卸和安装设备、工具、测试设备（包括自动测试设备）、诊断设备，以及工艺装置与切削加工和焊接设备等等。

保障设备既可以是只有一种特殊用途的专用设备，也可以是具有多种用途的通用设备。可以根据其用途将保障设备分为测试设备或实际维修设备，或根据其复杂程度或费用来进行分类。对保障设备最常用的分类方法是根据该设备是通用的还是专用的来分类。

1. 通用保障设备

通常广泛使用且对各种航空装备或多项使用与维修工作都具有普遍性功能的保障设备均可归类为通用保障设备，包括手工工具、压气机、液力起重机、示波器、电压表等。通用保障设备通常已列入可选择设备清单中，在装备研制中通过维修任务分析确定或选择。

2. 专用保障设备

专为某一装备（或部件）所研制的完成其特定保障功能的设备，均归类为专用保障设备。

例如专为监测装备的某一部件功能而研制的电子检测设备,不能作其他用途。专用保障设备一般要随着其需要保障的装备同时研制和采购,专用保障设备目前出现了越来越昂贵的趋向。如有可能,应尽量避免使用专用保障设备以降低装备的寿命周期费用。

4.2.3.2　保障设备的研制

在装备研制的早期应确定对保障设备的需求,制定保障设备研制计划,特别是某些保障设备的研制周期长、花费大,某些保障设备甚至成为权衡保障方案的主要因素,所以保障设备的研制计划要尽早安排。

1. 确定保障设备需求

在研制装备的早期利用保障性分析中使用和维修工作任务分析,确定保障设备需求并根据装备研制进度,对保障设备做出初步规划。

在方案阶段尽早确定预期的保障设备需求,以便对保障设备提出资金计划。对保障设备缺乏足够的资金将对保障设备研制计划的实施带来不利的影响。

保障设备需求的确定过程开始于方案阶段,并且随着装备设计的成熟而逐步详细和具体。具体的保障设备的设计要求要在工程研制阶段才逐步确定下来。装备整个研制过程中,综合保障工程的其他方面的工作需要保障设备需求方面的资料,因而在方案阶段所建立的保障设备的基线不能随意变动。

在保障方案确定后,根据每一维修级别应完成的维修工作可以确定保障设备的具体要求,并据此以评定各维修级别的维修能力是否配套。当分析每项维修工作时,要提供保障该项工作的保障设备的类型和数量方面的数据。利用这些数据可确定在每一维修级别上所需保障设备的总需求量。基层级所需保障设备应少于中继级,否则需要重新分配维修任务。在做费用权衡时,如价格十分高昂的保障设备需要配备时,应慎重研究,必要时可考虑修改保障方案,直至修改装备设计。

保障设备在综合保障工程中涉及很多方面,具有很多接口。一方面它的需求主要取决于使用与维修工作任务,并与装备设计相协调和匹配;另一方面它又与备件供应、技术资料、人员训练以及软件保障(测试软件)有密切关系。因此对保障设备需求的任何更改必须提供给综合保障工程的其他专业,以修正有关的保障要求。

在研制(包括采购)保障设备前,要制定出完整的研制计划,说明应进行的工作,明确与相关专业工作的接口,并做好费用和进度的安排。保障设备研制计划的实施保证了所确定的保障设备要求的落实。

2. 研制保障设备

通常尽量采用部队现有的或通用的保障设备,只有当现有的保障设备不能满足新研装备的使用与维修工作的要求时,才需设计和制造新的保障设备。

(1)保障设备的设计应考虑的问题。

1)保障设备应与主装备相协调。例如装备可达性设计的限制,往往引起对拆装工具种类和尺寸的额外要求。

2)通过保障性分析,在影响装备设计的同时,精简保障设备的种类和数量。

3)保障设备的设计还应考虑保障设备本身的可靠性与维修性等设计特性、抗振动与冲击的要求、所需能源与动力、限制的环境条件、安装因素以及本身的使用与维修所需的保障要求等。

(2)保障设备研制的主要工作。

1)确定保障设备的种类与功能要求,如随车(机)工具、自动测试设备等。

2)编制初始保障设备清单,其中包括标准设备和专用的保障设备。

3)进行保障设备的综合权衡,其中应考虑各维修级别的工作、保障设备利用率、保障设备本身的保障要求及费用因素等,以形成选定的保障设备清单。这份清单还可用于使用与维修工作任务分析时选用保障设备之用。

4)明确是研制还是外购保障设备,对承制方或供应方提出保障设备要求。

5)进行保障设备的设计与研制。

6)编制保障设备的技术手册,其中应说明设备的工作原理、结构简图、使用与维修方法、测试技术条件以及保障要求等。

7)提出保障设备的保障设施要求,如动力、空间、环境和专门的基础建设等。

8)保障设备的验收与现场使用评估。

9)保障设备交付部队的计划。

(3)保障设备的试验与评价。保障设备的试验与评价工作是装备试验与评价总计划的组成部分,其目的在于检查保障设备的有效性和研制计划的进展情况。某些装备的保障设备非常复杂,在装备研制过程中除了对保障设备进行单独试验与评价外,还要与装备同时进行试验,验证其适用程度和有效性。图 4 - 12 所示为保障设备研制过程主要内容。

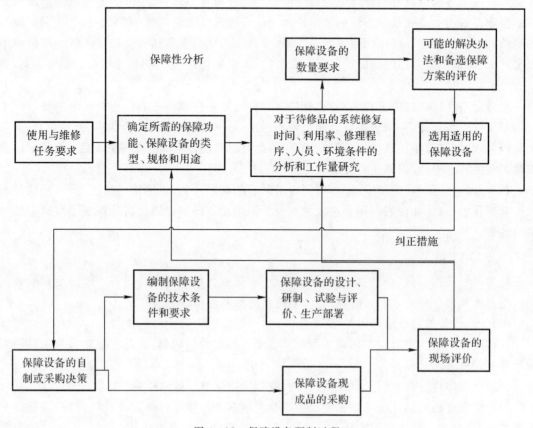

图 4 - 12　保障设备研制过程

4.2.3.3　保障设备的保障

保障设备的种类繁多,保障设备的复杂程度也大不一样。对于简单的保障设备,如通用工具,一般仅需采购一定的备件和消耗品,并在供应文件、保障设备的维修手册中加以反映。但对于某些复杂的保障设备,如维修工程车、复杂的测试设备等的研制周期长、研制费用高,其保障工作比较复杂,应尽早确定其要求并开始研制工作。

复杂保障设备的保障与主装备的保障类似。由于保障设备的研制一般由转承包商负责,主承包商应将订购方对自己的要求用来对转承包商提出要求,有时转承包商也受订购方的直接控制。

对保障设备的保障应主要考虑以下几方面的问题。

1.保障设备的供应

通常对保障设备也要求提出所需的供应技术文件。供应技术文件包括保障设备所需备件和配件的品种与数量、供货方式等。保障设备的备件供应工作一定要与制定的保障设备研制计划相协调,以保证供应技术文件能够正确地反映出保障设备的需求。对于复杂的保障设备,还应考虑其可修复件的修理与供应等问题。

2.保障设备的技术手册

使用和维修复杂的保障设备时需要技术手册,对保障设备技术手册的编制应规定详细的要求。在工程研制阶段要验证保障设备技术手册与保障设备的配套程度,不至于由于某些变更而互相矛盾。

3.训练

对于复杂的保障设备需制定操作和维修这些保障设备的训练要求,包括训练的内容、训练所需器材和训练计划。训练计划的进度要和保障设备的研制进度相协调。通常保障设备的训练计划包含于装备的训练计划之中。

4.设施

许多保障设备有其特定的动力、空间、空调及保障所必须考虑的环境要求,因此制定保障设备研制计划时要与保障设施计划协调。由于保障设施的完成有时需要较长的时间,因此专用保障设备的设施需求要在研制过程中尽早地予以确定。

4.2.3.4　案例分析

1.军机保障配套比例

我国军用飞机维修体制采取三级维修体制,军用飞机基层级维修保障为第三级维修,也称为航空兵团航空维修。军用飞机基层级维修分为内场和外场,其任务情况见表 4-6。

表 4-6　内外场任务情况区别

类　别	外　场	内　场
保障人员	外场机务人员	内场机务人员
维修类别	主要为预防性维修	预防性和修复性维修
保障地点	停机坪	修理厂、停机坪

续表

类 别	外 场	内 场
保障任务	机械日 预先机务准备 直接机务准备 再次出动准备	更换发动机 定检 排故 飞机改装

内外场保障设备根据各个维修专业分别配套：

(1)机械专业配置：飞机牵引杆、千斤顶、机械工具箱等；

(2)军械专业配置：挂弹车、通用工具箱等；

配套比例按照1∶1、1∶4或者1∶8等配套(即一套设备配套1架飞机或4架飞机或8架飞机)；

场站设备是指直接用于飞机使用维修保障工作，且不随飞机一起转场的保障设备，主要为地面油泵车、地面电源车、牵引车、充氮车等。

交付保障的同时，需同时交付以下资料及配件：

(1)合格证；

(2)产品使用维护说明书；

(3)产品零附件。

2.民机保障设备

飞机在经停时，一般需要在30~45 min内完成上下旅客、装卸货物、供应食品和其他用品、加油加水、清除垃圾以及必要的检查和维修等工作。因此，会有许多服务车辆同时围绕飞机进行服务，这些勤务车辆主要包括：①推出拖车。当飞机头向里停放时，飞机必须倒退出机位，而飞机的发动机不具备此能力，这时使用推出拖车将飞机推出机位。推出拖车通常低矮，以适应飞机机体高度。推出拖车与飞机之间采用硬式牵引杆，牵引不同机型有不同长度的牵引杆。②加油车。分为两种：一种是油箱车，一般可装10 t以上燃油，上面有加油臂，每分钟加油4000 L；另一种是油栓车，它本身不装载燃油，只是把空港机坪上供应油栓和飞机加油口连在一起，每分钟泵油10 000 L以上。③地面电源车。飞机停放在地面发动机未启动时由地面电源车供电，用于启动发动机、仪表和照明等用电。现代大型客机上都装有辅助动力装置，可以提供电力需要，因此电源车使用逐渐减少，但在军用战斗机地面维护中还广泛使用。④自行登机梯。在没有登机桥的机坪上供给旅客上下，可以在一定范围内调节登机梯的高度以适应不同机型。⑤货运拖车。由牵引车拖动，运送行李和小件货物。⑥补给车。可以运载清洁工人和食品供应人员以及为飞机补给各种物品。⑦可移式行李传送带。在飞机装卸行李时，可以大大提高工作效率。⑧升降平台。用于清理或维护飞机外部，它的升降高度可达12 m，以保证能达到飞机外部各个部位。⑨饮水加注车。为飞机加注饮用水。

民机配套比例具体参考《民用运输机场航班保障专用设备配置指南(试行)》，下面仅对飞机牵引车和清水车的配套比例计算方法做举例说明。

(1)飞机牵引车。飞机牵引车按牵引方式分为有杆式和无杆式。牵引车主要保障出港航班，配置的主要影响因素包括高峰小时需牵引的架次及相应的时间参数。

保障 1 架次飞机需 1 辆飞机牵引车，即 $Y_i=1, i=1,2,\cdots,6$。则有

飞机牵引车配置数量＝有杆式牵引车配置数量＋无杆式牵引车配置数量

$$= [f_{d有}(T_{0有} + T_{d有} + T_{有} + T_{s有})/60]m_有 + [f_{d无}(T_{0无} + T_{d无} + T_{无})/60]m_无$$

式中：$T_有$——有杆式牵引车开始对接飞机至飞机被牵引到指定位置卸下拖把的平均时间，min；

　　　$T_无$——无杆式牵引车开始抱持飞机至飞机被牵引到指定位置卸下起落架的平均时间，min；

　　　$T_{s有}$——有杆式牵引车将飞机牵引到指定位置卸下拖把至将拖把放回设备摆放区的平均时间，min。

飞机牵引车保障模式一般有两种，区域保障和流动保障。如果是区域保障模式，建议保障单位按照各区域的高峰小时航班量及相关参数测算后求和；流动保障模式可直接依据本节公式测算。

对于大型机场，机场通常为提高廊桥使用率，早高峰时段条件允许时将远机位的飞机拖曳至近机位，且拖曳时间通常较长，为此飞机牵引车配置时还应充分考虑早高峰的飞机拖曳需求。

对于有基地航空公司的机场，飞机牵引车的配置应适当考虑机务维修的牵引需求。

例如：公司 A 飞机牵引车保障的高峰架次为 15 架次/h。

1）飞机牵引车配置数量＝有杆式牵引车配置数量＋无杆式牵引车配置数量

$$= [f_{d有}(T_{0有} + T_{d有} + T_{有} + T_{s有})/60]m_有 + [f_{d无}(T_{0无} + T_{d无} + T_{无})/60]m_无$$

2）相关参数：

$f_{d有}=5$ 架次，$f_{d无}=10$ 架次；

调度时间 $T_{0有}=T_{0无}=5$ min；

提前到位时间 $T_{d有}=T_{d无}=10$ min；

平均作业时间 $T_有=T_无=10$ min；

调整补充时间 $T_{s有}=1$ min；

维保系数 $m_有=1+0.5/5=1.1$，$m_无=1+0.2/3=1.07$。

3）测算结果：

有杆式牵引车配置数量 $=5\times(5+10+10+1)/60\times1.1=3$；

无杆式牵引车配置数量 $=10\times(5+10+10)/60\times1.07=5$。

（2）飞机清水车。飞机清水车主要保障出港航班，配置的主要影响因素包括保障的出港高峰小时架次及机型比例、相应时间参数等。

保障 1 架次飞机需 1 辆清水车，即 $Y_i=1, i=1,2,\cdots,6$。则有

$$飞机清水车配置数量 = \left\{ f_d \left[\sum_{i=1}^{6} X_i(T_{0清} + T_{d清} + T_{i清} + T_{s清}) \right]/60 \right\} m_清$$

式中：$T_清$——清水车开始对靠飞机至撤离的平均时间，min；

　　　$T_{s清}$——单位设备必要调整补充时间（平均每架次分摊的清水车补水时间），min。测算方法为 $T_{s清}$＝（补充清水往返时间＋等待时间＋补充清水作业时间）/一辆清水车平均保障的架次。

例如：公司 A 清水车保障的高峰架次为 15 架次/h。

i) 清水车配置数量 $= \left\{ f_\text{d} \left[\sum_{i=1}^{6} X_i (T_{0清} + T_{d清} + T_{i清} + T_{s清}) \right] / 60 \right\} m_清$

2）相关参数：

a. 清水车高峰小时保障的机型、架次及比例见表 4-7。

表 4-7　清水车高峰小时保障的机型、架次及比例

机　型	A	B	C	D	E	F
架　次	0	2	8	4	1	0
比例/%	0.00	13.33	53.33	26.67	6.67	0.00

b. 调度时间 $T_{0清} = 3$ min，提前到位时间 $T_{d清} = 0$。

c. 清水车的作业时间见表 4-8。

表 4-8　清水车的作业时间

机　型	A	B	C	D	E	F
第 i 种机型的平均作业时间 $T_{i清}$/min	2	3	3	5	9	9

d. 每架次分摊的清水车补水时间：

$$T_{s清} = (补充清水往返时间 + 等待时间 + 补充清水作业时间) /$$
$$一辆清水车平均保障的架次$$
$$= (21 + 6) / 6 = 4.5 \text{ min}$$

e. 维保系数 $m_清 = 1 + 0.2/4 = 1.05$。

3）测算结果：

飞机清水车配置数量 $= \{15 \times [13.33\% \times (3+3+4.5) + 53.33\% \times (3+3+4.5) +$
　　　　　　　　　　$26.67\% \times (3+5+4.5) + 6.67\% \times (3+9+4.5)]/60\} \times 1.05$
　　　　　　　　　　$= 4$

4.2.4　技术资料

技术资料是指将航空装备和设备要求转化为保障所需的工程图样、技术规范、技术手册、技术报告、计算机软件文档等。它来源于各种工程与技术信息和记录，并且用来保障使用或维修一种特定产品，就综合保障工程所提交给部队的技术资料看，其范围也很广泛，包括装备使用和维修中所需的各种技术资料。技术资料是为装备使用和维修人员正确使用和维修装备规定明确的程序、方法、规范和要求，并与备件供应、保障设备、人员训练、设施、包装、装卸、储存、运输、计算机资源保障以及工程设计和质量保证等互相协调统一，以便装备发挥最佳效能。因此，编写技术资料是项非常烦琐的工作，要涉及诸多专业，单靠一两个专业的资料是无法完成的。国外的综合保障管理中，一般都要求建立保障性分析记录数据库，作为编写技术资料的主要原始资料，并开发保障性分析记录自动数据处理系统。这样的系统可以在很广泛的范围内查询和显示保障性分析记录数据库中的各种有用的数据并提供有价值的输出报告，如备件清单、专用工具清单、测试设备要求以及故障模式检测总结等，这些报告中有些本身就是按军用标准格式生成的可供部队使用的技术资料，有些报告和数据则是编写文件必不可少的资料。

技术资料是装备使用与维修人员正确使用与维修装备的基本依据,要特别强调提交给部队的各项技术资料文本必须充分反映所部署装备的技术状态和使用与维修的具体要求,准确无误,通俗易懂。由于装备的研制过程是不断完善的过程,所以反映装备使用和维修工作的技术资料也必须进行不断的审核与修改,并执行正式的确认和检查程序,以确保技术资料的准确性、清晰性和确定性。

4.2.4.1　技术资料的种类

为满足已研制出的日益复杂的装备对技术资料的要求,各军兵种都有各自的编制技术资料的要求,其种类、内容及格式各有不同,一般可按合同要求或综合保障总计划要求而定,通常有下列几种主要类型的技术资料。

1.装备技术资料

这类技术资料主要用来描述装备的战术技术特性、工作原理、总体及部件的构造等,它包括装备总图、各分系统图、部件分解图册、工作原理图、技术数据、有关零部件的图纸以及这些资料的说明文件等。它是根据工程设计资料编纂而成的。

2.使用操作资料

这是有关装备使用和测试方面的资料,一般包括操作人员正确使用和维护装备所需的全部技术文件、数据和要求,如装备正常使用条件下和非正常使用条件下的操作程序与要求,测试方法、规程及技术数据,测试设备的使用与维护,装备预防性维修检查和保养的内容和方法,燃料、弹药、水、电、气和润滑油脂的加、挂、充、添方法和要求,故障检查的步骤,等等。表 4－9是坦克使用手册目录(部分),表 4－10 为某航空产品使用维护说明书目录,可作为示例。

表 4－9　坦克使用手册目录(部分摘录)

目　　录

第一章　战术技术性能及组成

第二章　坦克保养间隔期及范围

　第一节　出车前检查

　第二节　行驶间歇检查

　第三节　一级保养

　第四节　二级保养

　第五节　三级保养

……

第七章　双向稳定器

　第一节　稳定器的使用

　　1.稳定器工作时的注意事项

　　2.稳定器使用前的准备

　　3.稳定器的接通

　　4.稳定器的操作

续 表

5.稳定器的关闭

第二节　稳定器的维护与保养

1.稳定器的技术保养

2.稳定器的性能检查与调整

3.稳定器的换油

4.稳定器在多尘条件下使用后的维护

5.稳定器一般故障的排除

……

表 4－10　某航空产品使用维护说明书目录

目　录

3. 维修操作资料

维修操作资料是装备各维修级别上的维修操作程序和要求。基层级、中继级和基地级维修人员使用该类资料保证装备每一维修级别的修理工作按规范的活动正确地进行。维修操作资料一般包括故障检查的方法和步骤;各维修级别维修工作进行的时机、工作范围、技术条件、人员等级和工具及保障设备等;更换作业时拆卸与安装以及分解与组合各类机件的规程和技术要求;装备翻新或大修所需的资料、程序、工艺过程、刀具和工艺装备等保障设备要求、重复质量标准和检验规范、修后试验规程;等等。维修操作资料依使用对象详略有别,一般基地级维修对资料的需求量最大,包括与装备翻新或大修有关的非常详细的图纸资料,而基层级和中继级对维修操作资料的需求则简略得多。

4. 装备及其零部件的各种目录与清单

该类资料是备件的订货与采购和费用计算时的重要根据。一般可以编成带说明的零件分解图册或者是备件和专用工具清单等形式。该类资料也可随同维修操作资料一同使用,供维修人员确定备件和配件需求。

5. 包装、装卸、储存和运输资料

装备及其零部件包装、装卸、储存和运输的技术要求及实施程序,如包装的等级、打包的类型、防腐措施,装卸设备、装卸要求,储存方式及要求,运输模式及实施步骤,等等。

4.2.4.2　技术资料的编写要求

技术资料的具体编制过程是收集与整理保障某项装备所需的全部使用和维修工作的资料的过程。技术资料的形式一般为手册、指南、标准、规范、清单、技术条件和工艺规程等。技术资料的形式和内容虽有所不同,但编写的基本要求大致相同。主要有下述要求。

(1)制订好编写计划,这是编制工作成败的关键。装备的使用、维修、备件以及工具和保障设备等方面的要求是否协调一致均取决于计划的好坏。技术资料的编制计划要与装备设计和保障各专业的工作计划相协调,以便及时获得编写所需的资料。在资料的编写计划中,除了编写内容及进度要求外,还应包括资料的审核计划、资料的变更和修订计划以及资料变更文件的准备安排等。

(2)技术资料要简单明了、通俗易懂,要充分考虑到使用对象的接受水平和阅读能力。图像说明要清晰、简洁。对于要点及关键部位要用分解或放大的图形或特别的文字加以说明。国外对编写技术资料有明确的规定和要求,包括易读程度等级和评估易读等级水平的方法,有些做法可资借鉴。

(3)资料必须准确无误,提供的数据和说明必须与装备一致。每一操作步骤、工具和设备的使用要求、每一要求和技术数据都必须十分明确,互相协调统一。资料中的任何错误或不准确都可能造成使用和维修操作上发生大的事故,导致对人身或财产的伤害,使得预定的任务无法完成。

(4)技术资料的编写所用的各种数据与资料是逐步完善的,要注意资料更改后的相互衔接,协调统一。为保证不出差错,要制定相应的数据更改接口与管理规定,做到万无一失。

(5)要严格遵守编写进度的要求,不得延迟交付时间。技术资料不仅仅是保证装备部署后的使用,还要保证各种试验和鉴定活动、生产与施工过程以及训练活动的使用,所以应尽早编写初始技术资料,随着研制工作的不断开展而逐步完善,以保证不同时期的使用。

（6）为确保交付的技术资料准确无误、通俗易懂，必须按资料的审核计划对其进行确认和检查。只有通过规定的验证和鉴定程序的资料，方可交付使用，这是保证质量的关键。

4.2.4.3　技术资料的编制过程

技术资料的具体编制过程是收集保障某项装备所需的全部使用和维修工作资料，然后加以整理，使之便于理解和应用，并不断修订和完善的过程。在方案阶段初期，应提出资料的具体编制要求，并依据可能得到的工程数据和资料，在方案阶段后期开始编制初始技术资料。随着装备研制的进展，数据更具体和更确定，技术资料也不断细化，汇编出的文件即可应用于有关保障问题的各种试验和鉴定活动、保障资源研制和生产及部队作战训练使用等方面。应用技术资料的过程也是验证与审核其完整性和准确性的过程。对于文件资料中的错误要记录在案，通过修订通知加到原来的文件资料中。此外，当主装备、保障方案及各类保障资源变动时，技术资料也应根据要求及时修订。通过不断的应用、检查和修订，才能最终拿出高质量的技术资料。图4-13为技术资料的编写过程流程图。

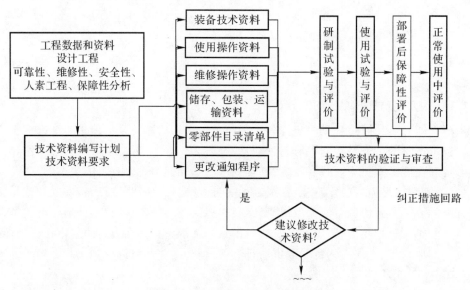

图4-13　技术资料编写流程图

4.2.4.4　案例

1. 军机技术资料

我国综合保障设计采用了三级维修体制，即基层级维修（或1级，或0级）、中继级维修（或2级，或Ⅰ级）和基地级维修（或3级，或D级（Depot））。基层级维修（或1级，或0级）利用更换有故障的外场可更换单元（LRU）的方式进行维修；中继级维修（或2级，或Ⅰ级）利用更换有故障的内场可更换单元（SRU）的方式，进行设备、LRU修理；基地级维修［或3级，或D级（Depot）］过程非常详细和费时，它需要复杂的设备和特殊的工具、特殊的设施和维修技能。典型的基地级维修任务包括飞机的检查、大修、改装、特殊的加工、分解测试以及上漆等。

保障资源全部围绕三级维修体制进行配备，那么作为保障资源要素之一的技术资料与对用户推荐的维修体制与此分级一致。每项资料应对应相应的维修等级，编写的内容应服务于其使用对象。

在规划飞机的用户技术资料时,必须参照国内外同类机型的经验,需调研用户的工业基础、部队建制和在役飞机种类和数量,积极沟通,制定符合客户需求的技术资料种类和数量(含供应商直接提供的),涵盖操作、维修等类别,使之基本满足客户使用和维护飞机的需求。因此,按美军标资料体系以及国内的资料特色,要编制的技术资料分为以下几类:

Ⅰ类:使用和维修技术规程(Operation and Maintenance TO),属于预防性维修。

Ⅱ类:限制时间完成的维修技术规程(TCTO 或 Time ComplianceTO),相当于服务通报,要按紧急程度的时间要求完成更改,属于非预防性维修。

Ⅲ类:缩编类技术规程。飞行员检查单属于此类资料。

Ⅳ类:清单清册类,不属于美军标的 T. O. 系列,但必须随飞机交付。

表 4‐11 为某型飞机技术资料种类及其相应资料类型,可作为示例。

表 4‐11　某型飞机技术资料种类及其相应资料类型

序号	资料编号	资料名称		资料类型	维修级别
		中文	英文		
1	T. O. 1T‐K8‐1	飞行手册	Flight Manual	Ⅰ	Ⅰ
2	T. O. 1T‐K8‐1CL	飞行人员检查单	Flight Checklist	Ⅱ	Ⅰ
3	非 T. O. 类资料	飞机说明书	Technical Instruction		
4	T. O. 1T‐K8‐2	飞机维护手册	Maintenance Manual	Ⅰ	1~2
5	T. O. 1T‐K8‐3	飞机结构修理手册	Structure Repair Instruction	Ⅳ	3
6	T. O. 1T‐K8‐4	飞机图解零件目录	Illustrated Parts Catalog	Ⅳ	2~3
7	T. O. 1T‐K8‐5	飞机基本重量检查单和装载数据手册	Aircraft Basic Weight Checklist and Loading Data Book	Ⅰ	1
8	T. O. 1T‐K8‐6	定期检查与维护要求	Scheduled Inspection and Maintenance Requirements	Ⅰ	1
9	T. O. 1T‐K8‐6WC‐1	日常检查	Routine Inspection	Ⅱ	1~2
10	T. O. 1T‐K8‐6WC‐2	定期检查	Periodic Inspection	Ⅰ	1
11	T. O. 1T‐K8‐6WC‐3	发动机定期检查	Engine Periodic Inspection	Ⅰ	2
12	T. O. 1T‐K8‐6WC‐4	发动机拆装与油封	Engine Disassembly and Preservation	Ⅰ	2
13	T. O. 1T‐K8‐6CF‐1	功能性鉴定飞行检查程序	Functional Check Flight Procedures	Ⅰ	1
14	T. O. 1T‐K8‐6CL‐1	验收和/或功能检验飞行检查单	Acceptance and/or Functional Checklist	Ⅰ	1

续 表

序号	资料编号	资料名称		资料类型	维修级别
		中文	英文		
15	按 ATA 编号	机载设备维修手册	Components Maintenance Manual	I	2～3
16	T.O.1T-K8-36	无损检测手册	Non-Destructive Inspection Manual	I	2
17	T.O.1T-K8-23	飞机腐蚀控制手册	Corrosion Control Manual	I	2
18	T.O.11W1-33-K8-1	航空武器弹药手册	Aerial Ammunition Manual	I	2
19	非 T.O 类资料	飞机随机备件目录	Delivery Spare Parts Catalog	IV	1～2
20	非 T.O 类资料	飞机推荐备件目录	Recommended Spare Parts Catalog	IV	2
21	非 T.O 类资料	有寿机件目录	TCI(Time Change Item) Catalog	IV	2
22	非 T.O 类资料	地面保障设备与工具目录	Ground Support Equipment and Tools Catalog	IV	1～2
23	非 T.O 类资料	空勤人员培训教材	Aircrew Training Material	IV	1
24	非 T.O 类资料	地勤人员培训教材	Groundcrew Training Material	IV	1～2
25	非 T.O 类资料	履历本	Logbook	IV	1～3
26	非 T.O 类资料	服务通报	Service Bulletin	IV	1～3

目前 IETM(交互式电子技术手册)正在民用和军用航空得到迅速发展,IETM 是以数字形式在一种合适的介质上,采用人工编程或自动编程系统编写的技术手册,是应用先进的计算机技术,为方便在电子显示屏显示和使用而设计制作的、以数字形式存在的技术手册。IETM是技术手册的一种高级形式,包括 3 层含义:①IETM 是技术手册,是包括各种系统、系统部件和保障设备的安装、使用、维修、培训以及保障说明书在内的一种出版物,为用户和维修人员提供使用和维修该项设备所需的资料和说明。②IETM 是电子格式,其存储方式、传播途径和显示方式大都采用电子方式。③IETM 是交互的,主要指用户和 IETM 的交互,交互功能是为用户提供友好的 IETM 使用环境,但是明显增加了 IETM 的创作成本。

在航空领域使用 IETM 技术的重要意义主要表现在:大大减少飞机技术信息的管理费

用;提高飞机研制的质量和速度;降低飞机的维修保障费用;提高新飞机培训能力和训练水平;应用在航空装备维修领域,大大减少故障检测的虚警率、提高故障隔离的成功率、减少故障隔离时间、避免维修中的错误拆卸、保证维修中人员和装备的安全性、提高维修信息的管理能力、加强航空装备全寿命周期管理。此外,还具有以下优点:

(1)具有交互性。IETM 可以设计成与用户交互,基于用户及时反馈的信息决定下一步显示什么信息。

(2)信息的组织检索和使用方式灵活。IETM 在计算机技术的支持下,用数据库、超文本或超媒体的形式进行信息组织和存储,因此提供了非常方便、灵活的信息检索方式。它可以采用关键字、属性等进行随机检索或分类检索,还可用热词(Hot Word)进行联想检索。

(3)信息更新快、获取快、质量高。在 IETM 中,更注重实现信息的快速更新以及随时向用户传递信息,而且指定系统的集成变化是一个自动更新的过程,确保了技术人员所接受信息的完整性和准确性。

(4)使用媒体信息种类多。传统纸型技术手册只能记载文字、图形、图像等静止媒体信息,而 IETM 除了能记载上述静止媒体信息外,还能记载声音、音乐、视频图像等动态媒体信息。也就是说,IETM 是以声、文、图等多媒体形式来传递和记录信息的,它一改传统纸型技术手册的单调面貌,具有传统纸型技术手册不可比拟的表现力。

(5)小体积、大容量的信息保存。电子文件易于被有效地管理,并节省大量空间,且一部笔记本电脑即能储存大量的书面文件所容纳的内容,也易于携带。

2. 民机技术资料

民机的技术资料主要包括以下几类。

(1)航空维修手册。飞机的维护文件对所有维护工作给予支持。许多不同的文件同时使用以维持飞机的正常运行。维护文件帮助进行预定的和非预定的维修工作。

预定维修:全停机检查;飞机绕行检查;日常检查;计划的检查。

使用下列文件进行预定维修:维修计划文件(MPD)、飞机维护手册(AMM)。

下列文件为预定维修提供支持数据:系统图册(SSM)、线路图手册(WDM)、结构修理手册(SRM)、图解零件目录(IPC)。

非预定维修:飞行故障;地面故障;使用问题;结构损伤。

使用下列文件进行非预定维修:故障报告手册(FRM)、故障隔离手册(FIM)、机内测试设备手册(BITE)、结构修理手册(SRM)、放行偏差指南(DDG)、飞机维护手册(AMM)。

(2)维修计划文件(Maintenance Planning Data Document,MPD)。维修计划文件定义计划维修检查的每种工作类型。航空公司使用 MPD 制定工作卡,供技术人员在维护检查中使用。

(3)飞机维护手册(Airplane/Aircraft Maintenance Manual,AMM)。飞机和发动机制造厂所提供的维护手册,内容包括维护安装在飞机中的全部系统和功能部件的说明。飞机维护手册的内容是用来满足外场人员维护安装在飞机上的组件、系统、结构的资料。

(4)系统原理图手册(System Schematics Manual,SSM)。由飞机生产厂商提供,用以联系所有飞机系统的原理图示,以便理解系统原理和排除系统故障。

(5)线路图手册(Wiring Diagram Manual,WDM)。由飞机制造厂商提供,列举所有安装在飞机上的电器设备及其装配线路,飞机各个系统连接线路的走向及排布。用于定位电器设备、线路的维护和排故。

(6)图解零件目录(Illustrated Parts Catalog,IPC)。由飞机生产厂家提供,记载飞机上各种零部件的件号(Part Number)和图示。图解零件目录按次序归类、分解结构和机载设备的各种部件的各个剖面,从而标注出各个零部件的件号、生产厂商、技术规范、使用数量、适用位置等信息。中间还包括飞机制造厂生产的所有组件的视图和剖面图。

(7)标准线路施工手册(Standard Wiring Practices Manual,SWPM)。飞机制造商提供的飞机上的导线,电气部件必须遵守的修理方法、工具和材料。一般作为 WDM 的标准施工部分使用,在老式飞机编写的手册中,SWPM 作为 WDM 中的第20章。

(8)结构修理手册(Structure Repair Manual,SRM)。结构修理手册提供说明信息和特定的指导,以便进行飞机结构的修理。

(9)故障报告手册(Fault Report Manual,FRM)。由飞机制造厂商提供给机组,用于故障的报告和排除。FRM 根据不同的故障表现,提供了相应故障代码以便于维护人员排故。FRM 故障代码可帮助查找 FIM。

(10)故障隔离手册(Fault Isolation Manual,FIM)。由飞机制造厂商提供,用于故障的隔离和排除。可用 FRM 故障代码或故障描述起动故障隔离程序。FIM 针对不同系统的故障代码,提供了推荐的故障隔离和排除程序。在没有故障代码的条件下,也提供了相应的故障处理方法以及排故思路。

(11)机内测试设备手册(Built-In Test Equipmentmanual,BITE)。可使用 BITE 从飞机机内测试设备中得到故障数据。如果故障可见,启动故障隔离程序。

(12)主最低设备清单(Master Minimum Equipment List,MMEL)。主最低设备清单由生产厂商的飞行工程部门制定,并由 FAA 核准。标明在飞机放行时,设备的缺失可能降低系统性能,或使系统失效的情况,以及在该条件下,飞行机组是否可以允许放行,另外手册还指定了这种情况下维修的时间限度。主最低设备清单还列举了给定机型的所有重要设备。

(13)最低设备清单(Minimal Equipment List,MEL)。最低设备清单以 MMEL 为基础,是由各运营商制定,对各独立运营商的特定机型适用,概括了各系统的功能组件的缺损情况和放行时允许缺损的组件数量。对应的是飞机系统及飞机设备。

(14)放行偏差指南(Dispatch Deviation Guide,DDG)。放行偏差指南提供了主最低设备清单中放行的推荐的最小设备要求,也提供了允许带故障放行的程序。

(15)外形缺损清单(Configuration Deviation List,CDL)。放行偏差指南的一部分,一般出现在 AFM(Air Flight Manual)的附录中,或者与 MEL 一起出现。CDL 包括所有 CDL 项目的图示,以及系统影响和飞行性能影响的相关信息。对应的是飞机结构和飞机外形的内容,主要针对各系统的盖板、封严、整流罩等的缺失情况,配图进行说明。

(16)服务通告(Service Bulletins)。服务通告是机体、发动机和部件制造厂发的出版物。这些通告包括:

1)印发该出版物的目的。

2)与此有关的机体、发动机或部件的名称。

3)服务、调整、改装或检查的详细说明及需要说明的零件来源。

4)估计完成此工作所需工时数。

服务通告不是强制性的,一般飞机制造厂商对不同的服务通告分配不同的级别,运营商可以有选择地完成。

(17)临时改版(Temporary Revisions)。在手册定期改版前,对手册进行的临时性更改,为黄色纸张印制,夹在正常的手册中,定期改版后,与原手册一同失效。

(18)翻修手册(Overhaul Manual,OHM)。

(19)部件维修手册(Component Maintenance Manual,CMM)。部件维修手册是由飞机生产厂商或飞机生产厂商之外的供货商供给的电子、计算机和飞机上装配的其他系统或组件的手册。CMM 一般与 OHM 放在一起,用来在车间中对飞机各种部件进行翻修的技术参考。

4.2.5　训练与训练器材的规划设计

4.2.5.1　训练规划设计的概念

训练与训练保障是综合技术保障要素之一,为了突出保障,现在讨论训练与训练器材的规划设计。在航空装备的设计与研制过程中,必须同步进行训练与训练装置的规划设计。其基本设计准则是以尽量少的费用培训出能胜任新研装备使用与维修的合格人才。军事装备人员的训练是一个非常复杂的问题,它涉及军事教育方针、原则以及现有军队教育训练体制等重大问题。这里仅仅讨论与新研装备有关的训练和训练装置问题。

1.训练阶段及其训练工作

装备人员的训练按时间顺序分为初始训练与后续训练两个阶段。

(1)初始训练。初始训练是指为接收新研装备的部队培养使用与维修人员所进行的训练。初始训练的目的是保证新装备部署后部队人员尽快掌握装备的使用与维修工作,使装备迅速形成战斗力。按照装备研制与订购合同的规定,该项训练任务通常由承制方(或在军队协助下)承担。

初始训练在预先规划与概念设计阶段(相当于论证阶段)就开始规划,直到初步系统设计阶段(相当于方案阶段)完成计划的制定。在详细设计与研制阶段或生产阶段的前期就应选定教员,做好制定训练计划与大纲、编写训练资料与教材、设计与制作训练器材等的准备工作。

(2)后续训练。后续训练是指为部队源源不断地培养正常替补的使用与维修及指挥管理人员所进行的训练。它一直延续到装备寿命周期结束。这类训练是按照任务分工由军队训练基地和院校组织实施,并纳入军队正常的军事训练计划。后续训练较初始训练更加正规,训练要求更为严格。为了使部队训练单位能尽快地担负起后续训练的任务,一般在装备设计与研制阶段就着手规划后续训练,并选派教员深入装备设计、研制、试验与生产的现场,熟悉新研装备。

2.训练类型

按培养对象的不同,可将训练划分为使用人员训练、维修人员训练、教员训练以及指挥与管理人员训练等 4 种类型。对于初始训练,侧重于前 3 种类型。后续训练时,按照军队现行的训练体制和各军兵种的训练机构由各种训练基地(如坦克乘员基地、维修工基地)和不同类型的军队院校(如工程技术院校、指挥院校)分别承担。

训练的方法可以有多种多样,如正规课堂教授、在职训练及自学等。随着现代信息技术的发展,利用远程通信网络进行远程教学正在兴起,将成为高效率很有前途的训练方法。

4.2.5.2 训练器材及其设计研制

训练器材是指为进行教育训练所需的各种教学装置与设备,包括教学用装备、实物教学模型与教具、训练模拟器、电教设备等。利用实际装备进行训练是必不可少的,但是充分利用实际装备以外的其他训练器材,对于提高训练效果与训练效率、节省训练费用、加速人才培养速度,以及减少对训练场地及环境条件的依赖是非常有意义的。因此,飞机驾驶、坦克驾驶、火炮射击、导弹射击、通信等模拟器,以及各种多媒体教学课件已广泛地用于装备人员的训练。

在新装备特别是大型复杂装备的研制过程中,必须同步设计规划训练器材。为此,在预先规划与概念设计时提出人员训练与训练器材的要求;在初步系统设计时将训练器材作为备选保障(维修)方案的一部分参与备选方案的评价与权衡分析,并把减少训练费用与尽可能地采用或改装现有训练器材作为重要的评价准则,同时还要制定训练和训练器材计划;在详细设计与研制时,通过使用与维修工作分析确定训练器材要求,并抓紧筹措、订购和设计研制训练器材,特别对于研制周期长的大型训练设备,应尽早安排设计与研制,以便保证初始训练的需要。大型训练设备本身就是一种装备,其设计与研制过程类似于一般装备。

4.2.5.3 训练要求、训练计划和训练保障问题

1. 确定训练要求

由于使用与维修操作训练必须规范作业过程每一项操作的程序与动作,因此,确定训练要求是进行有效训练的关键。

确定训练要求的工作从收集资料开始。资料来源于故障模式、影响及危害性分析(FMECA),使用与维修工作分析(OAMTA),以可靠性为中心的维修分析(RCMA)以及操作员工作分析。收集资料的目的是明确装备操作和维修所需完成的全部工作。利用综合可靠性、维修性等专业工程分析所提供的资料,可以使训练要求与设计及其他专业工程的工作协调一致,并可避免工作重复和减少费用。确定全部操作和维修工作之后,就要进行人力、人员与训练分析,用以确定执行每一项操作与维修工作所需的工时、所要求的工作能力、专业特长及技术等级,以及达到所需技术等级要进行的训练。利用上述分析的结果建立人员作业能力标准,以明确操作与维修人员所必须具备的知识和技能,并作为确定各类训练课程要求的基准。最后,确定训练的课程。

2. 训练计划的制定

训练计划作为保障计划的组成部分是进行训练的基本依据。

对于新研装备的训练计划是在研制阶段根据保障性分析的结果制定的。训练计划应明确承制方准备实施的训练要求与训练内容,一般包括课程教学大纲、训练保障资源要求、预期的结果和训练进度表等。

按照综合技术保障要求,后续训练的计(规)划一般也应当在研制阶段制定,特别是研制后立即投产的装备。但是,由于后续训练计划是由使用方执行的,而且计划要管理装备长达10多年甚至更长的使用期内的人员训练问题,所以,可根据装备订购与部署保障计划、军队院校教育训练计划及其他情况的变化对训练计划进行修订或重新制定。

3. 训练保障

为了搞好训练的规划与设计,除了确定训练要求和设计与研制新的训练器材外,还必须考

虑教员挑选与培训、训练教材与资料(如课本、技术手册、辅导材料等)的编写、训练设施(如教室、实验室、训练场等)的建设、训练保障问题,以保证训练计划顺利地实施。

4.2.6　计算机资源保障设计

4.2.6.1　计算机资源保障设计的概念

随着计算机技术的飞速发展,嵌入武器装备并成为其组成部分的内嵌式计算机及其软件已广泛地应用于各种航空装备,使航空装备向着数字化、智能化与精良化的方向发展,极大地提高了航空装备的作战性能和保障性。正是由于计算机在装备中的广泛应用,加之计算机硬件及软件日新月异的发展与更新换代,计算机资源保障问题显得十分突出,因此,将其列为综合技术保障要素之一。

计算机资源保障是指使用与保障计算机所需的设施、硬件、固件、软件、软件开发与保障工具、文档、人员及其训练。与其他保障资源一样,在装备内嵌式计算机硬件与软件的设计及研制时,必须同步设计计算机资源保障。

4.2.6.2　对计算机资源保障设计的要求

1. 开放系统环境与开放系统设计要求

为了使以计算机为核心的信息系统和信息产品的硬件与软件便于使用和保障,当前国际上最流行的做法是采用开放系统环境和开放系统设计。所谓开放系统环境是指在产品硬件与软件的接口、服务和保障方式方面,严格执行各种开放型的、统一协调的信息技术的标准与规范所形成的一种环境。该环境保证系统(或产品)的硬件与软件的开发、运行及保障独立于具体应用技术的解决方法和各厂家的硬件与软件产品。系统按开放系统环境准则来设计即为开放系统设计。采用开放系统设计的意义是保证了信息系统和信息产品的兼容性、可扩展性、可移植性及互联互操作,有利于系统的标准化和产品的更新换代。因此,计算机的硬件与软件设计必须遵循开放系统设计的要求。

2. 计算机资源保障设计要求的主要内容

在装备内嵌式计算机硬件与软件设计时,计算机资源保障设计要求的主要内容包括以下几项。

(1)计算机资源保障的约束,主要包括计算机硬件(主机及外围设备)、系统软件(如操作系统)、程序段模块化、语言、标准与规范,以及设施、软件开发与保障设备、人员等保障资源和保障环境的约束;

(2)计算机与信息系统体系结构的要求,包括与指挥、控制、通信与情报等自动化信息系统的接口;

(3)计算机硬件与软件及接口设计的开放系统环境要求,包括标准化(含数据格式与数据交换标准及通信协议)、兼容性、扩展性及可移植性;

(4)计算机硬件与软件的维护要求,如硬件与软件的修改和维护、硬件与软件故障间的区分能力、诊断系统的故障检测与隔离能力、保障软件、软件维护仿真及人机交互接口;

(5)软件的可靠性和安全性及数据保护与完整性,如由计算机系统执行功能的可靠性与安全性、信息的保密、存取控制与防止病毒及数据的完整性;

(6)设施、软件开发与保障设备的要求;

(7)操作与维护人员及培训要求,包括人员数量、技术等级、替换率、培训、训练设备(如训练模拟器)及人员接触密级要求;

(8)技术资料,如软件文档、软件用户手册、程序员手册、计算机系统操作员手册、计算机系统诊断手册等。

4.2.6.3 部署后软件保障设计

1.部署后软件保障的概念

迅速发展的大规模集成电路与微处理器使计算机硬件体积迅速减小,而且硬件的设计愈发容易、简单,对装备设计的影响日益减小。与此同时,计算机软件却愈来愈复杂、庞大,其应用范围也愈来愈广,使计算机的功能愈来愈强。例如一架飞机不仅配备了飞行软件,还配备了任务准备、数据简化与处理、维修训练器、演习分析、战斗管理、机组训练、测试与诊断等多种飞机保障软件。因此,随着大规模集成电路与微处理器在计算机上的使用与发展,计算机软件与硬件相比较,不仅开发费用高(已占计算机总费用的 80% 以上)、灵活性大,成为影响装备费用、进度与性能的主宰因素,而且其装备设计的影响正日益上升。同时,随着嵌入式计算机软件的复杂程度不断地增加,软件保障费用(特别是部署后软件保障费用)大幅度地上升,已占到软件寿命周期费用的 7% 左右,而且对保障人员的需求日趋迫切。因此,软件保障,特别是部署后软件保障已成为计算机资源保障中的核心问题。

软件保障即过去所称的软件维护。软件保障是由于从其产生起一直存在着差错、不完善以及软件功能任务的变化所引起的,因此,软件保障不像硬件是排除发现的故障,使其恢复到原来的技术状态,而是纠正或修改一个发现的问题就产生一个新的配置(技术状态)。所谓部署后软件保障是指在一个计算机及其软件的寿命周期的生产与部署使用阶段,为确保持续保障其原有使用任务和进行后续任务修改及生产改进所进行的全部工作。有四类软件保障工作:①纠正性维护,即诊断并改正软件使用运行过程中一个或多个错误的过程;②适应性维护,即改造软件使之适应硬件发展、数据要求与处理等变化了的环境;③完善性维护,即软件交付使用后,根据用户要求修改现有功能、增加新功能,以提高性能而对软件的修改;④预防性维护,即为进一步改进软件的维护性与可靠性所做的工作。

2.部署后软件保障设计工作

为搞好部署后软件保障,主要应做好以下设计工作:

(1)在软件开发期间采用合理的软件工程技术、软件的体系结构与开发工具,将软件设计成可保障的,并能发现大部分潜在差错。

(2)制定计算机资源寿命周期管理计划,并在开发过程中不断地修订与更新。该计划阐明了总的软件保障策略,规定了度量软件开发进度的准则,是系统寿命周期中有关计算机资源的主要规划文件。它主要规定了开发、测试、采办与保障计算机资源所需的资源,用于管理和保障计算机资源适用的文件及系统软件的规则,以及采办与保障的所有组织及其职责。

(3)将计算机资源作为系统的一个有机的组成部分,按照系统工程的方法进行权衡和优化研究工作。这些工作包括:将系统要求分配到硬件与软件;提出可能影响计算机资源的系统和分系统的接口要求;在计算机硬件与软件之间进行权衡分析;选择合适的标准设备、高级语言、指令集结构与接口;研究将系统要求分配给计算机资源的备选方案的可行性;进行细化系统保障方案、分配软件保障要求及明确作战系统软件的软件保障研究。

(4)在软件寿命周期中,使用配置(技术状态)管理技术,实行软件基线管理,标识软件项目配置,控制软件项目配置的更改,记录软件项目配置状况,保持软件配置的整体性和可跟踪性,确保软件开发的质量。

(5)开发过程中采取措施提高软件可靠性。软件可靠性是程序出错的频度和严重程度,它用发现与改正错误的频度来表示。为此,应加强开发过程中的管理,开发必要的测试工具,做好软件测试工作。

(6)根据软件保障的需要,建立专门的软件保障中心,按保障需要配备所需数量和技能水平的软件维护人员,并加强培训与定期进行知识更新。软件维护人员应尽早参加或介入软件的开发工作,以熟悉软件系统。

(7)在软件开发过程中编写软件使用手册和详细的软件文档,包括完整记录与汇总低层软件开发过程、配置变化、测试结果的软件开发卷,以及储存用于加速软件顺序开发和后续保障的软件、文档及相关工具的软件开发库。

(8)设计并向软件保障中心提供与软件开发相同的保障设施和基本工具,包括仿真器、编辑程序、编译程序、测试工具及其他软件工具等。

4.2.7　保障设施的规划设计

4.2.7.1　保障设施规划设计的概念

保障设施是指保障航空装备使用与维修所需的永久性和半永久性的构筑物及其附属的设备,如维修车间、训练场、仓库、码头、船坞等。它作为综合技术保障要素之一,还应包括确定设施需求及设施的设计、改进、选址、利用率、环境要求及设备等方面的考虑。

保障设施作为重要的保障资源与其他保障资源一样必须与主装备的设计同步规划设计,特别是建造周期长的大型设施和满足研制期间试验用的试验设施更需要提早规划、设计与建造。保障设施的基本设计要求是提高现有设施的利用率,充分发挥其作用,尽量减少新的设施资源要求。

按保障设施的结构与活动能力,可分为固定设施和移动设施。固定设施是指设施的构筑物是固定不动的,如维修车间、供应仓库、车(机)库、训练教室、试验场、驾驶场等。移动设施是指设施的构筑物是活动的,一般是能伴随保障战斗装备的,如修理工供应车、活动维修车间、抢修艇、补给船以及帐篷与外场围栏等。

按保障设施的预定的用途,可区分为维修设施(如维修车间、船坞等)、供应设施(如器材仓库、弹药补给车等)、训练设施(如训练场、教室等)、试验设施(如导弹发射试验场、光测站与遥测站等)和某些对温度、湿度、气压、洁净度等有特殊要求的专用设施(如精密仪器维修间、有害物质的存放室等)等。

4.2.7.2　设施规划设计的要求

由于设施研制周期很长,所以对新设施的需求必须在装备研制早期通过保障性分析尽快确定下来,以便尽早做好设施建设经费预算和安排建设,确定保障设施的分析过程。下面简单地介绍确定维修设施和供应设施的要求。

1.确定维修设施要求

先要调查了解部队现有维修设施的数量、布局、环境条件、设备及利用率情况等信息,分析现有维修调查与鉴定现有设施是否适用于新研装备。如果适用,再根据维修工作分析所提供的资料,预测各维修级别的设施年度工作负荷 W 以确定新研装备对现有设施的影响。

$$W = \sum_{i=1}^{N} F_i T_i$$

式中:W—— 该设施年度工作负荷;

$\quad N$—— 该设施维修工作次数;

$\quad F_i$—— 第 i 项维修工作频度;

$\quad T_i$—— 第 i 项维修工作时间。

当现有设施的结构或工作负荷不能满足新装备时,需要确定新设施的要求。

2. 确定供应设施要求

供应设施主要是仓库。确定仓库要求时要考虑到装备零部件单个包装或成套包装的最终包装尺寸所占有的储存空间。确定供应设施的要求与确定维修设施的要求的方法类似。利用下式计算储存空间要求来预测供应设施的利用率:

$$V = \left[\sum_{i=1}^{N_S} S_i C_i + \sum_{j=1}^{N_M} (M_j / Q_j \cdot B_j) \right] (F/U)$$

式中:$\sum_{i=1}^{N_S}$—— 单件包装件所需总空间;

$\quad S_i$—— 第 i 种单件包装的备件数;

$\quad C_i$—— 第 i 种单件包装的备件容器空间;

$\quad N_S$—— 单件包装器件的品种数;

$\quad \sum_{j=1}^{N_M}$—— 多件包装备件所需总空间;

$\quad M_j$—— 第 j 种多件包装的备件数;

$\quad Q_j$—— 第 j 种多件包装备件的每一容器备件数;

$\quad B_j$—— 第 j 种多件包装备件的每一容器空间;

$\quad N_M$—— 多件包装备件的品种数;

$\quad U$—— 空间利用系数;

$\quad F$—— 预期存满率系数。

式中,空间利用系数与备件外形、包装和堆垛等因素有关,一般低于 5%。计算出存储空间要求,可进一步确定供应设施是否满足新研装备的要求,再决定是否需要修建新设施。

4.2.7.3 保障设施计划

在初步系统设计阶段就应制定一项保障设施计划,作为保障设施建设的规划文件。该计划的内容主要包括说明设施要求(如用途、地点、环境、建筑类型、场地与布置)和设施内公用设施的要求(如动力、供水、电源及环境);说明设施内设备配备要求(如装卸设备、测试处理设备、仓库货架等);评价现有保障设施,说明新建、扩建或改建的理由;经费预算及建设进度;等等。

4.2.7.4 固定设施的设计原则

对于移动设施,可作为装备来设计与生产,在此不做讨论。下面简单地介绍固定设施的一般设计原则。

（1）应建设在交通便利、开展保障工作最方便和有利于维修的地点，要具有安装设备和完成作业的足够面积与空间；

（2）须具有确保工作所需的作业环境（如温度、湿度、洁净度、照明度等）和建筑质量，以及符合国家规定的环境保护要求；

（3）须具有安全防护装置和必要的消防设备；

（4）须具有必要的水、电、暖气、照明，以及必要的通信联络设备等公共设施；

（5）在设计过程中，要采用寿命周期费用估算技术和分析方法，合理确定设施的研制、投资、基建、使用和维修费用。

4.2.8　包装、装卸、储存和运输资源的规划设计

4.2.8.1　包装、装卸、储存和运输资源规划设计的概念

包装、装卸、储存和运输（以下简称"包装储运"）是综合技术保障要素之一。它是指为保证航空装备及其保障设备、器材得到良好的包装、装卸、封存、储存和运输所需的资源、技术、规程、方法与设计考虑，其中包括环境考虑、设备的短期与长期的封存和运输性要求。由于许多武器装备是在野战条件下使用，作战机动转移是经常发生的，因此，该要素的目的除了计划、研究和管理为保证制造出来的装备、保障设备、器材到达部队时是可用的所必需的各种活动外，还必须考虑作战机动、平时与战时技术保障所需的各种包装储运活动。

主装备的包装储运特性（如运输性）是一种装备的设计特性，它取决于装备的设计，而包装储运资源必须与主装备包装储运特性相匹配。为此，在预先规划与概念设计阶段提出包装储运约束和要求；在初步系统设计阶段制定备选包装储运方案并作为备选保障（维修）方案的组成部分，与使用方案、设计方案一起进行评价和权衡分析，同时优化设计方案和包装储运方案研制阶段，将包装储运作为装备寿命剖面和任务剖面的重要活动，通过使用与维修工作分析确定包装储运资源要求，并进行包装储运的筹措、订购与研制以及完成包装储运计划的制定。下面主要讨论包装储运资源的规划设计问题。

4.2.8.2　包装储运计划和包装储运资源设计方案

1．包装储运计划

包装储运计划是一个指导包装储运工作的规划文件。该计划在初步系统设计阶段开始制定，经过修订与完善，在详细设计与研制阶段完成。它是以规划装备、保障设备及器材交付时，从生产厂家到部队用户的包装储运工作，但是，对装备使用阶段的技术保障中的包装储运工作也有很大的借鉴意义。

包装储运计划的主要内容包括以下几项。

（1）需运输的特殊类型产品清单。

（2）推荐的运输方式。该运输方式是以预期的需求率、适用的路线、产品的质量与尺寸、费用效果准则为依据，并考虑到产品交付计划中的首次运交地点要求和根据维修需求的再次运输要求。

（3）建议装运产品的包装方法（如集装箱类型：可重复使用的、非重复使用的、有安全措施的与有环境保护装置的）。

（4）关于器材装卸、储存与保管中的安全准则、注意事项和规定。

2. 包装储运资源设计方案

包装储运资源设计的目标是以最低的费用实现产品的良好包装储运,保障装备的使用与维修。据此目标制定备选包装储运资源设计方案,并通过对备选包装储运方案的评价与权衡分析,删去那些不必要的特殊包装储运要求,确定费效比最佳的设计方案。在制定备选方案与权衡分析时,应考虑下列因素:

(1)装运时对产品(或包装件)的尺寸、质量、重心以及堆码方法的限制;

(2)采用标准的包装容器、装卸设备与简便的防护方法,尽量避免提出特殊要求;

(3)现有的包装储运条件;

(4)预计的装备使用环境、交付部队方法、部队接收后的搬运要求;

(5)影响包装储运的环境应力。

4.2.8.3 对包装储运资源规划设计的考虑

1. 对包装的考虑

包装是指为准备装运产品所需的各种操作规范和设备,如防腐包装、捆包、装运标记、成组化以及用集装箱运输。在规划设计包装时,应考虑以下问题:

(1)确定包装等级。包装是给产品储存与运输时提供必要的保护。根据对产品的保护程度,将包装分为3个等级:最高保护级,即为在恶劣包装储运环境条件下的产品提供最良好的防腐和包装等级;中等保护级,即为在预计较有利的包装储运条件下的产品提供较好的防腐或打包等级;最低保护级,即为在已知有利条件下的产品提供一般的保护。通过对产品重要性、易损性和采用的运输方式与储存形式的分析,分析其需保护程度来确定产品的包装等级。

(2)确定防腐方法。防腐的目的是保护准备装运的产品免受腐蚀、物理损坏或变质。根据产品的要求和包装储运条件选择不同的防腐方法。每一方法由清洁、干燥及封包或打包等组成。一般选用的防腐方法应与保护装备所需的等级相一致。

(3)确定装箱要求。一般在产品规范的交货准备文件中提出,包括装箱图和相应的技术文件。装箱图可表示出容器内装物件的状态以及在包装容器中加入的辅助装置,如干燥装置、防护密封装置、金属条带以及各种指示器等。当装箱较简单时,也可直接用文字说明。对于标准的包装容器,则只需做简单的说明。说明的内容包括内装物数量、包装件的总重与外形尺寸等。在包装物品外表必须提供一些识别信息以及注意与警告事项。

(4)包装容器及备件包装设计。应尽量选用标准的包装容器。对于需要专用包装的产品,最好也选择能重复使用的专用包装容器。对于重复使用的程度,要经过仔细的分析研究,确定重复使用的次数,并制定有关维修、供应的技术资料。设计装备及其零部件的包装时,应考虑每一包装容器中备件的品种和数量、包装容器重复使用程度、供包装设计用的储存空间和装卸约束条件、易碎品及其装卸约束条件、通用的包装方式。此外,还应充分考虑到便于运输、装卸、储存、使用和管理。

2. 对装卸的考虑

装卸是指在有限范围内将货物从一地移动到另一地。通常限于较小的区域,如在货栈之间或库区内或从库存状态转移到运输状态以及运输状态转移到库存状态。这种短距离的物品的移动,通常利用装卸设备,也可由人力完成。可以根据物品的质量、包装的尺寸及现场的条件等选择装卸方式。通常,规定人力装卸物品的最大质量为18 kg,同时还要受包装尺寸大小的限制。在设计产品的包装时，对人力装卸的产品应提出人素工程要求。

经常使用的装卸设备有铲车、货盘起重器、滚轴系统、起重机等。在规划装卸设备要求时，应尽可能选择标准的装卸设备，避免研制特殊的装卸设备。

3. 对储存的考虑

装备可在临时性或永久性的设施中作短期或长期储存。储存的方式主要有库房、露天加覆盖物、露天不加覆盖物、特殊储存。确定储存条件要满足装备预期的使用与维修要求，并要与其包装防护等级相一致。对储存有特殊要求的产品，应提供相应储存条件的设施。此外，还应考虑野战条件下器材的储存要求。

4. 对运输的考虑

运输是使用汽车、火车、船舶、飞机或专用运输工具等，将产品从一个地方输送到另一个地方的过程。对装备及其组成部分的运输取决于其运输性，它是装备的设计特性。运输性是指装备依靠牵引、自行或用运输工具通过铁路、公路、水路及空中航线实现转移的能力。因此，运输性是实施经济有效的包装储运的基础。

装备经常使用的运输方式有铁路运输、公路运输、水路运输、航空运输以及空投等。武器装备一般都符合多种运输方式的要求，这样才能适应作战的需要。但是，在装备设计时应当选择最适用的运输方式，并使设计的装备满足所选运输方式的要求。选择运输方式的准则，除运输费用最低外，还必须考虑满足快速的作战机动的要求。由于公路运输所受限制条件最少，因而是一般装备基本的运输方式。

在规划设计运输工具时一般都是选择通用的运输工具。除非有特殊的要求，如某些战略火箭需要特大型的专用拖车。

确定装备的运输要求时，一方面要满足运输工具的尺寸、质量及重心的限制，如铁路输送不能超宽（平板车宽度限）、超高（隧道或电力机车输电线的高度限）、超长（车厢长度限）、超重（最大载重量限制和单位面积压力限）等。此外，还要满足运输动力学参数（如冲击加速度、振动、绕曲、表面负荷、紧固及泄漏等）和运输环境参数（如温度、压力、湿度，以及射线、静电及安全等）要求。另一方面要满足装备装卸和战场抢救时的牵引特性，如要有装卸和牵引时使用的挂钩和系留点等。对于有毒物品和危险品的运输（如弹药、雷管等），还要有专门的安全规则。总之，装备必须设计得可以安全装卸和运输，并符合实际的使用要求。

习　　题

1. 保障设备分为哪几种类型？
2. IETM（交互式电子技术手册）的特点和含义是什么？
3. 民机技术资料包括哪些内容？

第 5 章　保障系统的确定

5.1　建立保障系统和提供保障资源应注意的问题

本书前述各章已分别介绍了保障资源的内容,要求的确定和研制过程,现将介绍有关保障资源提供和保障系统建立的若干问题。

5.1.1　保障资源的提供

在工程研制阶段,确定了对各种保障资源的要求后,保障资源通过采购或设计制造逐步得以落实,并将提供给航空装备的使用者。为了保证保障资源及时完好地提供给航空装备的使用者,在这期间必须加强对保障资源研制工作的管理。

1. 工程研制向生产转移的保障性问题

在航空装备生产中,可能会有要求更改装备中未预计的缺陷和考虑不周的问题。采取这些更改措施可能影响到装备的质量、可生产性和保障性,也会导致装备研制进度不能按期进行。在转移阶段,综合保障管理人员必须采取措施以保证装备的更改在可交付的保障系统中得到反映。

在转移过程中,综合保障管理人员协助型号负责人制定转移计划并提出和安排保障准备状态审查。保障准备状态审查的目的是检查保障要求与装备设计之间的一致性程度和保障资源研制中出现的问题,如保障设备不足、备件订货延误、训练不充分、文件资料没有针对最新技术状态、设施未经验证等等。在审查中应考虑诸如各项保障资源是否在一个有代表性的使用环境中得到全面评价,缺陷是否被纠正或它们能否在设计前得到纠正,等等。

在转移过程中除了进行审查外,作为综合保障管理人员还应做到:

(1)为各项保障资源的研制及时争取到资金;

(2)编制硬件和软件规范及资料说明;

(3)继续进行有效的保障性分析;

(4)解决初始备件、技术资料和保障设备准备中存在的问题;

(5)协助建立各项保障资源可用程度以及与装备协调一致的跟踪管理制度;

(6)将保障要求输入装备技术状态管理,评价装备更改对保障资源的影响。

2. 部署中的保障资源提供

当装备由生产单位转移给使用单位时,使用单位面临着装备是否能得到充足保障的问题。

在部署阶段,每一保障资源必须就位。要尽早做出部署计划,部署计划是综合保障总计划的组成部分,在方案阶段即应开始考虑,在工程研制结束时,应编制出详细的部署计划,这一计划必须不断完善以反映设计的更改。

在部署期间,对保障资源的提供应考虑的若干问题:

(1)在部署之前应验证装备的保障性,保证保障资源能为装备提供充足的保障;

(2)继续进行保障性分析,特别是现场保障条件对新装备保障的影响,以确定对保障资源要求的更改;

(3)以计划和预算的形式研究部署时所需的专项资金要求,如建筑、训练、运输和需要承制方保障的问题;

(4)保障资源合理性的信息反馈工作。

5.1.2　建立保障系统

航空装备保障系统是装备使用与维修所需各类保障资源的有机组合,是为达到既定目标(如使用可用度)使所需资源相互关联、相互协调而组成的一个系统。

当装备交付部队使用时,根据制定的保障方案和计划,建立经济有效的保障系统,进而形成部队的各种保障制度。

5.1.2.1　建立保障系统应注意的问题

保障系统包括航空装备所需人力、物力、信息等各种资源以及这些资源的管理。因为只有通过合理的管理,才能将分散的各种资源组成具有一定使用与维修功能的系统。通常,保障系统要具备使用保障、维修保障、备件供应和人员保障等功能。各类功能都要依靠一套管理机构才能组织实施。保障系统的建立应注意考虑以下问题:

(1)应尽量利用原有的保障管理体制。一般地说,当航空装备性能和结构改变不大或没有特殊的保障资源需求时,部队原有管理体制应该是可用的。在新老装备并存的部队中,局部体制改变将引起很多不便。事实上这一点在装备论证和方案阶段研究保障方案时,已经注意到尽量考虑现行保障方案。

(2)注意新技术对管理体制的影响。新技术在装备中的应用往往会增加一些新的保障资源要求,有时会对维修管理体制产生影响,如前面维修级别讨论中是否取消中继级维修就是一例,取消中继级相应要改变这一级别的管理机构。又如坦克上增加了拦截导弹设计,则可能需要增加维修导弹系统的机构和人员,或对现有的人员提出更高的技能要求,增加维修负担。

(3)保障体制应与航空装备使用部队的有关体制相互适应,航空装备保障规划中涉及装备使用部门有关体制问题时,必须明确它们的关系,以便做到相互协调的运行,在建立新研装备的保障系统时尤其要注意其关系。例如新研装备需要使用一种新油料,虽然这种新油料已经研制成功并投产,但还要涉及装备使用部门现行油料供应体制和国家油料生产能力与供应分配系统的协调问题,如果缺少这方面的考虑,将可能导致保障系统虽已建立,但由于这项新油料短缺或供应渠道不畅而影响装备的正常使用。

(4)人员保障与训练机构应相互协调。人员训练需要一整套训练机构保证,新装备所需各类保障人员的训练不仅需要及早准备教员、教材和教具,还要考虑现有的训练体制能否满足其要求。后续训练有初级、中级和高级之分以及技术与指挥之分,这是对现航空装备规划实施的,它对新研航空装备使用维修能否适应,也要研究解决。

(5)保障管理体制的建立要有一套人员机构和相应的管理职能与制度作保证,使用与维修制度是建立保障系统的最重要课题。

5.1.2.2　使用与维修制度

航空装备使用与维修制度是指装备使用与维修总体上的一整套准则和规程。它规定使用与维修的全部主要工作内容,以及这些工作进行的时机、执行的机构和必要的条件。使用与维修制度是装备使用部门最基本的制度,与其有关的供应保障、技术资料和人员要求都要与之协调配套。严格执行使用与维修制度才能保证达到规定的战备完好性目标。使用与维修制度是一整套保障最基本的管理制度。

当装备研制进展到工程研制阶段,有了较完整的资料(如预防性维修的工作类型和较明确的维修等级等)时,就可以开始进行使用与维修制度的初始制定工作。这项工作还要通过装备的使用试验,部署后保障性评估与试验,以及后续的正常使用实践中的修改完善,才能最后确定下来,并以军兵种条例颁布执行。虽然这项制度在以后长期的使用中应该不断修改与更新,但从综合保障工程的观点来说,制定出完善的使用与维修制度是它的重要成果。

现以地勤车辆的保养与修理制度为例说明使用与维修制度的主要内容。

1.平时的保养与修理制度

(1)保养和修理的种类及其工作内容。车辆的技术保养有五种:出车前、行军间、一级、二级和三级保养,均为预防性的保养与维护。

车辆的修理有五种:小修、中修、大修、检修和特修,前三种均为计划性修理,后两种为非计划性修理。

各类保养与修理都规定有明确的作业内容、技术要求和保障条件,如更换作业所用工具、测试所用技术条件等。

(2)各类保养和计划性修理的时机,即保养和修理的间隔期。车辆两次大修间隔期为 $9000\sim10\,000$ km,中修间隔期为 $4000\sim6000$ km,小修间隔期为 $900\sim1200$ km,车辆发动机大修间隔期为 $500\sim600$ h。

(3)执行保养和修理的机构。各类保养与小修由基层级,中修由中继级,大修由基地级(修理厂)分别进行。

2.战时修理制度

战时执行车辆就地、换件和应急修理制度。其中规定有:前送修理小组人员组成和应携带的备件器材;牵引后送不能就地修复的车辆;应急修理和战地抢救和自救的措施和原则;战场修理小组的组成和上一级支援方式;应配备的活动修理和抢救设备器材(如工程车、牵引车)的种类和要求;战时修理分队随同战斗分队转移的原则;等等。

5.1.2.3　保障系统的完善

保障系统的建立是在装备研制的后期保障资源比较明确后才开始进行的,保障资源是建立保障系统的基础,而保障系统是保障资源赖以发挥作用形成战斗力的条件。可根据对保障方案和保障资源的评价结论,结合部队现行制度如维修级别、供应体制等初步建立保障系统,并通过使用试验和部署后考核以验证保障系统对装备的保障能力和保障资源的满足程度。同时,所建立的保障系统也会对装备及保障资源起到反馈作用。保障系统的建立也是一个逐渐完善的过程,在装备的使用过程中,要通过不断熟悉和掌握新装备的使用特点,逐步适应新建保障系统下的使用与维修工作,积累装备的使用与维修经验和数据,调整与完善使用与维修制度,才能充分发挥装备和保障系统的效能,达到装备系统的战备完好性目标要求。

5.2　保障性试验与评价

按照保障性技术规范的不同类型,安排不同保障性试验与评价类型,为验证装备设计和保障系统设计是否满足 A 类规范、B 类规范和 C 类规范的试验与评价,通常称为保障性研制试验与评价;为验证航空装备设计和建立的保障系统是否满足装备保障性目标和使用要求而开展的试验,通常称为保障性使用试验与评价。为了确认所研制的装备是否真正满足部队的作战使用需求,试验必须尽可能在实际使用环境或最接近使用环境的条件下进行。为了保证试验结论的公正性,最好由相对独立的试验与评价机构实施。

保障性试验与评价的时机、条件、范围和内容等,与使命任务、保障性目标、经费投入等都有关系。在研制早期,只能进行较低层次产品(C 类规范)的台架或实验室试验,对分系统层次产品保障性技术规范(B 类规范)和保障性目标达到情况只能进行分析评估;在研制期间,当样机出现时,可进行整机的一些试验与评价,在进行整机试验与评价时,需要尽早加入保障系统进行系统层次的使用性质的试验与评价,如果没有保障工作的参与,试验与评价的只是设计问题,而不能考核使用和保障问题,许多问题只有在实际的使用环境中才能发现;在定型和部署初期,需要在建立的保障系统环境下,全面考核提出的 A 类规范的达到情况,并评估达到保障性目标和使用要求的情况。

从保障性系统工程的目标出发,就是要考核航空装备达到保障性目标的情况,即达到的使用要求的情况,使用要求满足了,航空装备才能满足作战任务需求。试验的时机与产品层次应当与研制进度和试验性质相对应。

5.2.1　保障性试验与评价的分类和作用

试验与评价是一种管理工具,是航空装备系统工程过程的有机组成部分,它的作用是确定装备性能水平,帮助研制者纠正缺陷,同时也是决策过程的一个重要环节,为支持权衡分析、降低风险和完善需求提供数据。因此,试验与评价是研制生产以至使用阶段的一种重要的控制机制,利用来自试验与评价的数据,为航空装备的研制和使用提供决策依据;试验与评价也是一种有效降低风险的管理工具,试验与评价过程提供的数据将告诉用户,航空装备在研制期间的表现如何,以及它是否做好了部署准备。

试验和评价的定义为:"在某一武器系统或子系统的研究、开发、引进和使用过程中进行的所有物理试验、建模、仿真、实验和相关分析。""试验"与"评价"这两个术语通常连在一起用,但实际上它们有着明显的区别。其中,"试验"是指实际产品进行检测或测试,包括硬件的试验和软件的测试,试验可以在实验室内进行,也可以在试验基地或实际的使用环境下进行;而"评价"是指对来自设备试验、软件测试、硬件检查、设计评审等以及使用中的定性或定量信息数据进行审查和分析,然后做出决策的过程。一般情况下,先对评价做出规划,明确评价的关键问题、评价的目标、评价的准则、评价方法、评价问题的数据来源和途径,以及评价的预期结果等内容,然后对试验进行规划,确定需要开展哪些试验获得评价所用的数据。试验与评价的主要作用是为航空装备的订购方、承制方、使用方提供有用的信息,这些信息可以帮助承制方发现薄弱环节并不断地改进、增长以实现合同要求;可以帮助订购方掌握航空装备研制的进展情况,做出正确的决策;可以帮助使用方正确掌握装备的使用情况,为调整使用方案、保障方案,提出新装备需求等提供依据。

保障性试验与评价的对象、内容是与航空装备研制的进展相一致的,要求确定通常是由系统到较低产品层次,由顶层参数到单项参数的过程,即 A 类规范、B 类规范和 C 类规范的顺序,而试验与评价通常是由较低产品层次到较高层次,直至到系统或体系,即按 C 类规范、B 类规范和 A 类规范的顺序。

5.2.1.1　试验与评价的分类

试验与评价是一个项目系统工程过程的重要组成部分,并贯穿始终。航空装备的试验与评价将贯穿装备的整个寿命周期。目前,我国对装备试验与评价工作还未建立明确的管理框架。

国外航空装备试验与评价的做法如下。美军将寿命周期的试验与评价分为两大类:一类是研制试验与评价(Development Test& Evaluation,DT&E);另一类是使用试验与评价(Operational Test& Evaluation,OT&E)。除了这两大类试验外,国外还有实弹试验、多军种试验与评价、联合试验与评价、核生化武器试验等。研制试验与评价和使用试验与评价作为两类试验,它们有不同的试验目的与内容,但一般来说研制试验与评价是使用试验与评价的前提和基础。

1. 研制试验与评价(DT&E)

研制试验与评价的目的是演示验证工程设计和研制过程已经完成。承制方通过试验和评价降低风险,对设计进行验证和确认,并确保产品已做好准备接受用户验收。研制试验和评价的结果可确保设计风险降到最小且符合规范要求,也可用于估计航空装备系统部署后的军事效果。研制试验与评价的一个主要目的是通过对选定的高风险部件或子系统进行试验来降低研制风险。总之,研制试验与评价是研制部门用于确认航空装备能够按照技术规范运行,并已做好外场试验准备的一种手段。研制试验由研制部门负责规划和监督,通常由承制方负责组织实施。

研制试验与评价包括承制方进行 DT&E 和订购方关注和主持的 DT&E。承制方装备研制是一个设计、制造、试验、暴露缺陷、纠正、再试验并反复多次的迭代过程,在这一过程中,承包商要安排一系列的试验项目,通过试验→改进→再试验的途径,使研制的装备及其组成部分逐步接近并符合合同中规定的技术规范要求,例如可靠性研制/增长试验。在这类试验中,承包商将起主导作用,试验可以在承包商的试验设施上进行,为提高订购方对这类信息的信任程度,也可安排在订购方的试验设施(如试验基地)上进行。

订购方关注和主持的 DT&E 主要是指在全面工程研制阶段后期进行的,为验证研制的装备及其组成部分满足使用要求的程度。这类试验应在订购方指定的试验场地进行,订购方应审查这类试验的试验方案,并介入试验过程,如可靠性鉴定试验。

美军在 1996 年的国防采办条例 DOD5000.2-R 中规定,必须在全面工程研制结束前(里程碑Ⅲ)完成合格鉴定试验(有些文件称预生产合格鉴定试验或正式合格鉴定试验),它是正式的合同试验,属于研制试验类型,其目的是验证在合同规定的条件下,航空装备设计与要求的符合性,这种试验还应包括合同中规定的可靠性鉴定试验和维修性验证试验。这类试验要求在初始小批量的产品上逐个或抽样进行。美军的合格鉴定试验与我国的定型试验相似。

2.使用试验与评价(OT&E)

使用试验与评价的目的是为了验证航空装备的使用效能和使用适用性。使用效能是航空装备在实际使用(作战)环境下对装备完成任务情况的度量,例如完成某任务的概率、战斗中的空中优势等,度量的是航空装备在实际使用时的一种使用要求,一种综合能力,而不是某一种性能参数。使用适用性是指实际使用环境下,装备的可用性、可靠性、维修性、战时利用率、运输性、兼容性、保障系统及保障资源配置等因素的满意程度。在国外,使用试验是在独立于研制部门和使用部门的某个独立部门(如美国叫作使用试验与评价局)的主持下进行的,其试验的环境尽可能是真实的使用环境。换句话说,进行使用试验与评价的目的是要保证新研制装备满足用户的要求。在我国,建议将使用试验一般分为两个阶段:在定型之前进行的部队试用和部署后进行的使用评估。

部署前的 OT&E 又可分为两类:一类是在立项后直至部署之前所进行的使用评估,它将包括对竞争性样机的使用评估,也可以包括对一些关键的分系统方案所做的评估等,其主要作用是选择并确定最终的研制方案,降低新型研制装备的风险;另一类是指初始使用试验与评价(IOT&E)或称为初始使用评估,该项试验是新型研制装备首次进行的使用试验,试验目的是评价新型研制装备的使用要求、发现新型研制装备在使用方面的不足,为大批量生产提供决策支持。试验应尽可能在真实的环境中(包括有模拟的敌方威胁力量)进行,并在模拟平时和战时条件下使用和维护装备。参与试验的装备应是小批量生产的产品,其数量取决于所模拟的使用任务。该项试验在美军是由专门的试验机构完成的,且不允许采用建模与仿真方法来实施。对于军用舰船和卫星这类装备,由于研制周期长,且数量少,可利用各种有关的数据和信息进行初始使用评估。

部署后进行的 OT&E 在美军称为后续的使用试验与评价(FOT&E)。这类试验是由使用部队实施的,应当最大限度地结合部队训练和演习任务进行,以提高真实性和减少试验费用。部署后进行的 OT&E 由于前后的目的有所不同,又分为初始使用能力(OC)评估和全面使用能力评估。初始使用能力评估是为了验证新型研制装备投入使用后是否能达到规定使用要求、验证使用效能和使用适应性,以及通过 OT&E 后进行的改进是否有效。初始使用能力评估一般在装备部署到一个作战单元、人员经过培训、保障资源配备到位后实施。全面使用能力评估是为了调整对使用效能和使用适应性的估计,更新战略、战术,找出使用缺陷,为改型和新一代装备研制提供信息。

3.研制试验与评价和使用试验与评价的区别

研制试验重点是要满足详细的技术规范(A 类规范、B 类规范和 C 类规范),使用试验的重点则是装备在必须与人和周围的装备相互作用的实际使用环境中所具有的实际功能。尽管研制试验与评价和使用试验与评价是相互独立的两类活动并由不同的试验部门实施,但是这些部门必须经常交流且通常是互补的。研制试验与评价是对达到技术目标的潜力进行检验,而使用试验与评价则是对系统满足用户要求的潜力进行评估,二者的区别见表 5-1。

表 5-1　研制试验与评价和使用试验与评价的区别

研制试验与评价	使用试验与评价
由型号办主任控制	由独立部门控制
单件试验	多件试验
受控环境	实际的/有作战场景的战术环境
承制方介入	有限的承制方介入
经过培训、有经验的操作人员	近期在装备上进行过训练的使用部队
精确的性能目标和阈值测量	作战效能和适用性的性能测量（保障性使用要求）
针对技术规范 （A 类规范、B 类规范和 C 类规范）的试验	针对使用要求的试验
研制试验品	生产的代表性试验产品

　　从上述介绍可以看出，国外装备研制开展的试验与评价工作比较规范，类型也比较多，对研制装备的质量保证作用是非常大的，但是其试验费用也非常高，试验周期特别长，在我们国家不可能开展这么多的试验，但是试验不充分也会带来一些问题。

　　当前，我国比较规范和重视的是定型试验，但是现在定型试验中考核的主要是战术技术指标，而且这种试验都是由军方和装备承制单位共同参与的试验，用户参与机会比较少，有些保障性技术规范（A 类规范、B 类规范和 C 类规范）没有得到考核，保障性目标也没有得到评估。在逐步建立市场竞争的情况下，试验结论的权威、公平和公正问题随之提出来了，因此，需要逐步建立更加全面相对独立的试验与评价制度和体系，这是我国下一步工作努力的方向。

　　保障性系统工程始于工程项目开始之前的任务需求分析，持续贯穿整个研制、生产延伸到部署使用阶段。在我国，保障性试验与评价也可分为保障性研制试验与评价和保障性使用试验与评价。保障性研制试验与评价应当尽可能结合装备的定型试验进行，保障性使用试验与评价应当尽可能结合航空装备部队试用和初始部署期间的装备使用进行。

5.2.1.2　试验与评价在寿命周期各阶段的作用

　　试验与评价是一种风险控制机制，在寿命周期各阶段，有着不同的作用。

　1. 论证和方案阶段

　　在论证结束前，论证单位（研制单位）要通过实验室试验、建模仿真以评估关键分系统和部件的能力。用使用研究、分析、仿真和试验数据来评价和优选备选的设计方案和保障方案。

　　在方案阶段结束前，研制单位应进行实验室试验和建模与仿真，演示和评估关键子系统和部件的能力。试验与仿真是按照立项综合论证报告中的使用要求设计的，以帮助优化设计方案和研制方案、辨别风险和评价实现 B 类规范和 C 类规范的能力，同时还可以评价拟采用的新技术（新型研制的分系统、设备）与成熟技术（成熟的分系统、设备）之间的功能兼容性和协调性，通过试验与评价工作应能证实所有重大的设计问题都已发现并已掌握了解决这些问题的方法，为制订试验与评价计划提供信息。

　2. 工程研制和定型阶段

　　在该阶段进行研制试验与评价的主要目的是：标识新型研制产品的技术缺陷和采用的纠

正措施的有效性;确定满足 B 类规范和 C 类规范的程度,并进一步评估保障性目标的达到情况;确定新型研制产品与相关成熟产品的兼容性与互用性;评价各保障资源要素并标明限制条件,评价保障资源和航空装备的匹配协调性等。

在定型(大批量生产)阶段,进行使用试验与评价的主要目的是:评估保障性目标和使用要求的实现情况,为调整完善保障资源提供信息,暴露使用缺陷并提出改进建议等。

3. 生产、部署和使用阶段

本阶段进行使用试验与评价的主要目的是:验证航空装备的保障性目标;确认前面试验中暴露的问题已经得到纠正;后续进行的使用试验可为更新战略、战术、改型和新一代航空装备提供信息。

5.2.2　保障性演示验证

现在重点介绍保障性演示验证,因为在航空装备性能试验与评价中,很难关注保障性方面的问题,因此在可能的情况下,应当进行保障性的专项演示验证工作,这种试验方法适用范围比较广泛,既可能用于某些设计特性要求的验证,例如维修性指标和再次出动准备时间,也可以用于保障资源的验证,还可以用于验证所安排的使用和维修工作内容是否合适等。

演示验证一般在已经完成所有性能试验的合格航空装备上进行。开展验证的步骤包括制定演示验证计划、对故障进行分类和分级、注入故障、演示人员培训、实施演示验证、完成评价报告等几个部分。验证时,应在整个航空装备上进行,一次注入一个故障,然后验证采用必要的保障资源能否将航空装备恢复到一种可使用的状态。验证可能需要持续很长时间才能完成。验证应主要针对装备原位维修活动,这是为了确保装备的使用可用性目标能够实现和得到持续保证。

保障性演示验证的主要目标是:

(1)验证有关航空装备保障性技术规范;

(2)验证航空装备保障工作规划的充足性;

(3)验证最终的航空装备保障资源包,包括试验、测量、诊断设备和保障设备与装备接口的兼容性;

(4)评审技术出版物;

(5)验证和升级保障管理信息系统。

保障性演示是对保障资源非常有效的方式。通常在现场或外场级和一些持续保障级执行。保障性演示可以在承包商的工厂、军方的保障设施内或试验基地进行,在与装备实际使用相似的设施内进行,以便验证设施适用性或确定设施的缺陷。

5.2.3　保障资源的试验与评价

5.2.3.1　试验与评价的目的

试验与评价的主要目的是:发现和解决保障系统、保障资源存在的问题;评价保障资源与装备的匹配性以及保障资源之间的协调性;评估保障资源的利用和充足程度以及保障系统的能力是否满足保障性目标。

5.2.3.2　试验与评价的类型

试验与评价包括研制期间的试验与评价和部署使用期间的试验与评价。

1. 研制阶段的保障资源评价

从航空装备的论证开始,就需要不断地利用来自保障性分析、研制试验、实际使用或其它途径的信息,分析评价有关保障资源对装备设计、保障性目标和费用的影响,不断地解决保障资源存在的问题,这些早期的评价工作对最终获得与装备相匹配且能满足战备完好性要求的资源是必不可少的。然而评价工作的重点是在工程研制和定型阶段,此时许多评价工作是在样机上进行的,评价的结果具有更高的可信度。为做好评价工作,借鉴美国陆军 PAM700-50《综合后勤保障、研制保障性试验与评价指南》中给出的思路,提出以下可用于研制各阶段评价保障资源的步骤:

(1)确定要评价的保障资源问题;

(2)确定评价问题的方法和所需的数据、资料等;

(3)确定获得数据、资料的途径;

(4)进行评价、提出评价报告和解决措施。

在方案阶段结束前,主要的评价问题有:是否提出了有关保障资源要求?定量要求是否与装备战备完好性和装备的任务可靠性维修性相协调?定性要求是否与使用方案和保障方案相适应?采用通用化标准化的程度如何?特殊的保障资源要求考虑了吗?等等。对于上述问题,主要采用分析评价的方法,其数据信息的来源可以是"使用研究""对比分析""保障性设计因素"等保障性分析的结果,也可以是进行仿真模拟得到的数据,或者是其它一些途径获得的有效信息。在工程研制和定型阶段主要的评价问题是保障资源与装备的设计是否匹配和协调,例如测试设备是否与被测单元的设计相适应?通用工具的配置是否便于维修?等等,这一阶段的评价问题,则需要更多地利用来自各种试验、专门功能演示或评审获得的数据和信息进行评价,例如结合装备的维修性验证,可以评价部分保障资源是否匹配与协调;又如通过对技术资料的专项评审,可以评价其正确性和适用性等。

2. 部署、使用阶段的保障资源评价

保障资源的评价是装备保障性使用评估的重要组成部分,与保障性目标评估同时进行。

5.2.3.3 保障资源试验与评价的内容

保障资源的试验与评价是评估由于保障资源不能按时到位和由于管理延误对系统战备完好性带来的影响,评估的主要内容是保障延误时间和管理延误时间。各保障资源的评价和评估内容如下。

1. 人力和人员

评价各维修级别配备的人员的数量、专业、技术等级等是否合理,是否符合订购方提出的约束条件(如人员编制、现有专业、技术等级、文化程度等),能否满足平时和战时使用与维修装备的需要。

2. 供应保障

评价各维修级别配备的备件、消耗品等的品种和数量的合理性,能否满足平时和战时使用与维修装备的要求,是否满足规定的备件满足率和利用率要求,评价承制方提出的备件和消耗品清单及供应建议的可行性。

某一维修级别的备件满足率是指在规定的时间周期内,在提出需求时能够提供使用的备件数之和与需求的备件总数之比。

某一维修级别的备件利用率是指在规定的时间周期内,实际使用的备件数量与该级别实际拥有的备件总数之比。

3. 保障设备

评价各维修级别配备的保障设备的功能和性能是否满足使用与维修装备的需要,品种和数量的合理性,保障设备与装备的匹配性和有效性,是否满足规定的保障设备满足率和利用率要求。

某一维修级别的保障设备满足率是指在规定的时间周期内,在提出需求时能够提供使用的设备数之和与需求的设备总数之比。

某一维修级别的保障设备利用率是指在规定的时间周期内,实际使用的设备数量与该级别实际拥有的设备总数之比。

4. 训练和训练保障

评价训练大纲的有效性以及训练器材、设备和设施在数量与功能方面能否满足训练要求,受训人员按训练大纲、教材、器材与设备实施训练后能否胜任装备的使用与维修工作,设计更改是否已反映在教材、训练器材和设备中。

5. 技术资料

评价技术资料的数量、种类与格式是否符合要求,评价技术资料的正确性、完整性和易理解性,检查设计更改是否已反映在技术资料中。

6. 保障设施

评价保障设施能否满足使用、维修和储存装备的要求,应对其面积、空间配套设备、设施内的环境条件以及设施的利用率等进行评价。

7. 包装、装卸、储存和运输保障

评价装备及其保障设备等产品的实体参数(长、宽、高、净重、总重、重心)、承受的动力学极限参数(振动、冲击加速度、挠曲、表面负荷等)、环境极限参数(温度、湿度、气压、清洁度)、各种导致危险的因素(误操作、射线、静电、弹药、生物等)以及包装等级是否符合规定的要求,评价包装储运设备的适用性和利用率。

8. 计算机资源保障

评价用于保障计算机系统的硬件、软件、设施的适用性,文档的正确性和完整性,所确定的人员数量、技术等级等能否满足规定的要求,关于软件升级及其保障问题是否得到充分考虑。

5.2.3.4　保障资源的综合评价

除可以对单项保障资源评价外,还应当将保障资源作为一个整体即保障资源包进行评价。保障资源包主要包括零件、保障设备、技术文件和出版物、保障人员、任何特殊保障要求和待试验试件,简而言之,就是装备使用时最终可能需要的所有保障资源。在试验开始之前,整个保障资源包必须在试验场。某些保障项目在可用性上的延误时间可能造成试验不能按进度进行。保障性试验规划人员必须确保所需人员经过训练并能在位,试验设施安排灵活以允许正常的延迟,以及确保保障资源包及时到位。

5.2.4　保障性目标评估

保障性目标评估是航空装备使用试验与评价工作的重要内容,主要包括装备战备完好性、任务可靠性、任务维修性、作战持续性、保障机动部署性、经济可承受性和保障互用性等方面的评估。这些评估工作可以在研制过程中采用仿真、分析计算等方法进行分析评估,主要是在使用试验与评价中评估,通常是在装备试用期间、初始部署使用期间进行。使用评估的主要目的是评价、评估、验证装备保障性目标的达到程度。

保障性目标评估需要在实际的使用环境和保障条件下进行,评估的是装备执行任务的能力,因而必须包括所建立的保障系统,是一种综合性质的评估。

5.2.4.1 保障性目标评估内容

评估的内容包括对装备保障性目标要求达到情况的度量,至少应当考虑评估以下使用参数。

1. 战备完好性参数

通用的参数有使用可用度(A_0),表示装备能够持续执行任务的时间的百分比,反映了装备的作战能力。对于飞机也可以采用能执行任务率(MC)(平时)或出动架次率(战时)表示。不同装备所用的参数可能有所不同,即使是使用了同一参数,所考虑的影响因素和统一方法也可能不同。可用度的计算公式为

$$A_0 = \frac{\text{MTBM}}{\text{MTBM} + \text{MTD}} \tag{5-1}$$

式中:MTBM——平均维修活动(包括预防性维修和修复性维修)之间的时间,是考虑维修政策影响的可靠性的度量;

MTD——由于修复性维修和预防性维修装备不可用的平均时间。这个时间包括实际的修理时间和所有的延误时间。

2. 使用可靠性和维修性参数

使用可靠性是对装备实现任务成功目标的度量(实现目标的百分比)。根据装备的不同,任务目标可以是出动、巡航、发射、到达目的地或者其它的服务或系统的具体参数。

使用维修性反映了装备恢复任务功能的能力,通常以现场基层级的能力来衡量:

平均不能工作事件间隔时间(MTBDE)=不能执行任务事件总数/装备总工作时间

$$\tag{5-2}$$

平均系统恢复时间(MTTRS)=系统修复性维修总时间/不能工作事件总数　(5-3)

平均原位修理时间(MRT)= 总的原位修复性维修时间/原位维修事件总数　(5-4)

任务可靠性(RM)=1-与系统有关的任务故障的总数/计划的执行任务的总数(5-5)

任务可靠性是指武器装备满足任务成功目标(武器系统满足目标的百分比)的度量。任务目标取决于武器系统,目标可能出动、巡航、发射、到达目的地等。

与装备有关的任务故障是指影响任务的故障是由于装备的硬件和软件发生故障。任务故障可能包括与装备任务故障无关的操作差错、情报差错或者其它差错。

3. 保障规模参数

保障规模是指部队为部署、维持和移动装备所投入的必需的保障资源的体积和数量。保障规模所涉及的要素包括现有装备或设备、人员、设施、运输器材和实际资产:

保障规模(质量)=部署的消耗品、保障设备、能源和备件的总质量　(5-6)

保障规模(人员)=在部署地域需要运输和维持武器系统的人员总数　(5-7)

保障规模(体积)=部署的消耗品、保障设备、能源和备件的总体积　(5-8)

消耗品是指在部队级为了保障在适当的和适用的时间内,维修和保障装备及其有关的保障与训练设备所需的消耗性材料。

能源是指为了保障在适当的和适用的时间内,装备执行其任务所使用的燃料、润滑油、润滑脂等辅助性油料。

保障设备是指使用或维护主要装备、子系统、训练系统和其它保障设备所需的设备。

备件是指为了保障在适当的和适用的时间内,在部队级维护设备所需的修理件和修理主要装备及其保障与训练设备所需的材料。

4. 保障响应时间参数

保障响应时间是指从保障物资需求信号发出到满足这些需求所经历的时间。"保障需求"是指装备保障所必需的设备、部件或资源,包括人力,有

$$保障响应时间(LRT) = \frac{\sum_{i=1}^{n}(订单发出日期 - 收到物资日期)}{总的需求次数}$$

5. 每使用小时的费用参数

可以用每使用小时所花费的费用表示。其度量方式为,用花费的总费用除以相应的度量单位。根据装备的不同,任务目标可以是出动、巡航、发射、到达目的地或者其它服务或系统的具体参数。

5.2.4.2　保障性目标评估方法

通过收集受试装备在初始试用、部署使用等实际使用环境中的使用维修、供应等有关数据进行评估。为了获得可信的结果,必须在给定的置信水平和精度下,保证一定的装备数量和试验时间。

5.2.5　保障性试验与评价的原则与管理

5.2.5.1　保障性试验与评价的原则

保障性试验与评价应遵循但不限于以下原则:

(1)保障性试验与评价应尽可能结合航空装备定型试验和部队试用进行,保障性范畴内的试验也尽可能结合进行。例如:保障性评估结合航空装备部署后的试验与评价进行,某些产品的可靠性试验与耐久性试验结合进行,保障资源匹配性协调性评价可以结合维修性验证进行等。

(2)保障性试验与评价应尽可能在模拟实际的使用条件下进行。例如:可靠性试验应尽可能模拟实际的使用环境,维修性验证应尽可能反映实际的保障条件,以提高试验结果的可信程度。

(3)涉及保障性的研制试验与评价工作应尽早安排。例如:可靠研制/增长试验、维修性核查和资源的评价等,以便暴露并解决存在的问题和修改设计。

(4)进行保障性试验与评价时必须综合利用其它的有关信息,如来自其它试验的有关数据,来自 FMECA、FRACAS 等工作的信息,等等。

(5)保障性试验与评价应尽可能在有代表性的产品上进行,以获得可信和有效的评价结果。可靠性维修性的验证试验应尽可能在更高的产品层次上进行,以节省经费。

(6)为尽早地发现和解决保障性问题,可能需要单独安排一些有关的演示和评价活动,如

维修性演示、技术资料的评审等。

(7)保障性试验与评价也是一项系统工程,必须对寿命周期中有关保障性试验与评价的项目和项目顺序进行优化,以充分地利用数据并节省费用。

5.2.5.2 保障性试验与评价的管理

保障性试验与评价是航空装备试验与评价的一部分,对保障性试验与评价的安排应纳入装备试验与评价的管理计划。保障性试验与评价的管理还涉及法规体系、机构职责、监督控制以及评审等方面。

1. 法规体系

在发达国家,对于试验与评价工作有完善的法规体系,使寿命周期的所有试验与评价工作有法可依、有章可循。例如:美国,从美国法典、联邦条例、国防部指令指示,直到陆海空三军条例等类法规中都有专门的关于"试验与评价"的条款或专门的"试验与评价"法规。在这些法规或条款中明确规定了有关武器装备试验与评价的性质、分类、要求、机构、职责以及文件格式等。

我国有关条例对装备试验提出了原则要求,规定:装备试验的任务是对被试装备提出试验结果,做出正确的试验结论,为装备定型、部队使用、验证设计思想和生产工艺提供科学依据;装备试验必须做到科学求实、严密组织、周到细致、稳妥可靠、严格保证试验质量,做好技术反馈工作,为部队使用负责,为装备科研生产服务;组织装备试验必须制定装备试验年度计划和装备试验大纲;试验实施单位应认真履行职责,根据年度计划和试验大纲严密组织实施装备试验。

2. 组织机构与职责

试验与评价可以为装备的研制者、决策者、使用者提供有益的信息,试验与评价工作日益倍受重视,为提高试验与评价工作的效能,必须明确与"试验与评价"有关的管理和监督机构及其职责。

我国有关条例仅在某些条款中规定了军区装备机关的职责有"会同有关部门组织新型装备的部队试验、试用工作",尚需配套法规具体规定并设置"试验与评价"的职能机构与职责。机构与职责和国外相比有较大差距。例如:美国国防部在它的法规中分别规定了国防部负责采办、技术与后勤的副部长、互用性局(原试验、系统工程及评价局长)、使用试验与评价局、军种采办执行官、项目办公室等机构在试验与评价方面的职责,规定的职责明确且详尽。

在美国国防部的有关文件中,还规定项目经理应组建试验与评价工作级的综合产品组,该小组由来自研制试验与评价、使用试验与评价、实弹试验与评价的有关人员组成,可以协助项目经理规划、管理、监督有关试验评价工作,也可协助编制初始的试验与评价总计划。

3. 规划与计划

有关试验与评价的规划与计划是针对一个具体型号项目而言的,必须对装备整个寿命周期中的试验与评价工作全面系统地进行规划,制定一项试验与评价计划(或大纲),以管理和指导型号的试验与评价工作。在美国,通常是由项目主任(经理)或项目办公室中主管试验与评价的副主任主管项目的试验与评价的计划,其中有关研制试验与评价计划是由项目办公室制定的,管理计划必须经使用试验局或其它有关机构批准,该计划需要随装备的进展定期修改完善。图5-1所示为美军一个试验与评价的总计划的样例。保障性试验与评价的每个方面都必须包括在该计划之中。

第一部分 系统简介

    a. 任务描述

    b. 系统描述

    c. 系统威胁评估

    d. 效能与适用性度量

    e. 关键技术参数

第二部分 综合试验大纲概述

    a. 综合试验大纲进度

    (1) 重大试验与评价阶段和活动

    (2) 活动日期

    (3) 开始的日期

    b. 管理

    (1) 所有试验与评价(T&E)参与组织的责任

    (2) T&E 组织结构

    (3) 提议或批准的性能放行准则

第三部分 研制试验与评价

    a. 研制试验与评价综述

    b. 后续研制试验与评价

第四部分 使用试验与评价

    a. 使用试验与评价综述

    (1) 使用试验与评价的主要目的

    (2) 项目进度、试验管理和所需的资源

    b. 关键使用问题

    (1) 关键使用问题

    (2) 关键技术参数和门限

    (3) 效能度量与性能度量

    c. 后续使用试验与评价

第五部分 试验与评价资源概述

    a. 关键试验与评价资源

    (1) 试验件

    (2) 试验地点与仪器

    (3) 测试保障设备

    (4) 威胁表述(表征)

    (5) 试验目标与消耗

    (6) 使用人员试验保障

    (7) 仿真、模型与试验台

    (8) 特殊要求

    (9) 试验与评价经费要求

    (10) 人力/人员培训

    b. 按时间划分阶段的试验与试验保障资源

图 5-1 美军试验与评价总计划样例

4.数据收集和故障审查

在保障性试验与评价中信息的收集是最为重要的,过去我们在试验中经常抱怨数据记录不全的问题。在保障性试验与评价中建议采用数据收集、分析和纠正措施系统(DCACAS),而过去采用故障报告、分析和纠正措施系统(FRACAS)。DCACAS 与 FRACAS 的最大不同是,FRACAS 只记录故障数据,而 DCACAS 不仅加强了对故障和问题的过程关注,还包括成功过程的数据,对于保障性系统工程,成功过程的数据如同故障信息一样重要,DCACAS 收集的信息范围包括故障、维修、成功、使用以及保证期数据。

在保障性试验与评价中,当出现故障时,判断故障的责任显得非常重要,可能由于多出现一个故障,装备达不到合同要求,因此必须判断故障的责任要根据订购方与承制方签订的合同中的故障判据明确故障的责任,由于操作人员操作不当造成的故障,通常不应由承制方负责,这时需要成立一个故障审查委员会对每个故障进行评审,以区分责任问题。

习　题

1.建立保障系统应注意哪些问题?

2.试验与评价的分类有哪些?

3.保障性演示验证的目标主要是什么?

4.保障性目标评估内容包括哪几项?

第6章 民机适航程序

6.1 民用飞机适航审定流程体系研究

6.1.1 适航体系

当前,国际上存在两种比较完善的民用飞机适航体系标准,一种是以美国的 FAA 为主的适航体系,另外一种是以欧洲的 EASA 为主的民机适航体系。我国当前的民机适航审定体系主要是参照美国 FAA 的适航标准制定,包含"行政法规""适航规章""适航管理程序""适航咨询通告"以及"适航管理文件"等规章标准。

新研制机型在整个生命周期中,要经历初始适航和持续适航两个阶段。其适航管理涵盖飞机初始概念设计、方案优化更改、制造工艺、试验试飞、市场运行等各个方面。从初始设计到完成试验试飞获得适航审批的这个阶段属于初始适航,交付用户后的市场运行阶段属于持续适航。飞机的初始适航主要有设计符合性审批和生产符合性审批。其中设计符合性审批是新研制的飞机按照相应的适航条款进行各种符合性验证并取得该机型的型号合格证(TC)的过程,或者改进机型按照相应的适航条款进行各种符合性验证并取得该机型的补充型号合格证(STC)的过程。生产符合性审批指对飞机制造人进行资格审定,以保证该产品的制造符合已批准的设计要求,取得生产许可证(PC)的过程。

6.1.2 适航审定过程

飞机研制的过程较长,一般要经历 10 多年时间,而在这漫长的研制过程中,飞机的适航审定部门是在全程介入审核的。民机适航审定的主要工作流程如图 6-1 所示。

1.概念设计阶段

从新型号的研制初期概念设计开始,飞机研制单位就要和适航审定当局就当前的初始设计进行沟通、熟悉和合作,包括型号合格审定过程的宣贯、安全保障合作计划的签署或修订、审定适用规章的指导、潜在审定项目的熟悉、审定计划的讨论、设计保证体系的初步评估等。

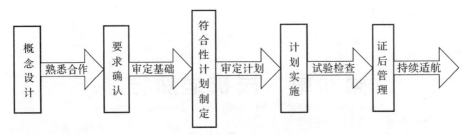

图 6-1 适航审定工作流程

2.要求确认阶段

随着设计的深入,研制人要针对适航审定条款的内容进行优化设计,提交型号合格证的申请,局方要决策是否受理申请,以及首次型号合格审定委员会(TCB)会议前的准备,召开首次TCB 会议,编制合格审定项目计划,按需编制专项合格审定计划学案,专用条件、等效安全和豁免的审批,召开中间 TCB 会议直至确定审定基础。

3.符合性计划制定

审定基础制定之后,研制单位即要开展详细设计并和适航当局进行沟通,商榷最终的审查组介入范围,确定授权与监督范围,制定符合性检查计划,完成审定计划或专项合格审定计划,TCB 审议审定计划或专项合格审定计划。

4.计划实施

依照前期设定的审定计划进行逐步验证实施,并邀请局方对符合性试验进行检查,按照适航标准逐条符合之后,适航当局就会颁发型号合格证(TC)或补充型号合格证(STC)。计划实施分为以下 3 类。

(1)与产生符合性验证数据有关的活动,如试验(工程验证试验和飞行试验)、分析、检查等符合性验证数据或资料生成类的计划实施。

(2)申请人应用符合性验证数据向审查组表明符合性的活动,如编写符合性报告等符合性表明类的计划实施。

(3)审查代表对申请人表明的符合性进行确认的活动,如审查申请人提交的符合性报告、进行必要的飞行试验等来确定型号设计构型、确认型号设计对审定基础的符合性、判断航空器是否有不安全的状态等符合性确认类的计划实施。

5.证后持续适航阶段

取得型号合格证之后,就要完成型号合格审定总结报告,完成型号检查报告,设计保证系统、手册以及更改的控制与管理,持续适航文件的修订,证后适航文件的修订,证后评定,资料保存,以及航空器交付时所需的必要文件。之后就可以按照局方批准过的型号设计资料进行制造生产。交付用户运营后,就属于持续适航的管理范畴。

6.1.3　审定体系

随着新研制机型在概念设计阶段与局方接洽,商定规章政策和审定基础后,申请人向局方提交新机型的型号合格证(TC)申请。局方初步对申请人的资历以及设计保证体系进行评估,评估完成,申请人首先要向适航当局提交合格审定计划,局方对申请人进行预评审,以考虑是否受理申请人的 TC 申请,局方考核完成正式受理 TC 申请后,便立即成立型号合格审定委员会(TCB),并召开首次 TCB 会议,组建适航审定体系。典型的适航审定体系如图 6-2 所示。

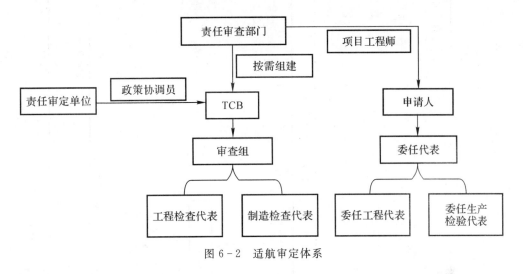

图 6-2　适航审定体系

6.1.4　流程模型

将适航审定的五个流程(概念设计、要求确定、符合性计划、计划实施和证后管理)和适航审查过程中主要审查任务,按照先后顺利进行梳理,形成整个新研制飞机的审定流程模型,结果如图 6-3 所示。

6.2　25 部简介

25 部全称为中国民用航空规章第 25 部运输类飞机适航标准(CCAR-25-R4),是适航符合性验证的顶层文件。图 6-4 所示为 25 部的封面和目录,具体文件内容读者可登录相应网址进行下载。

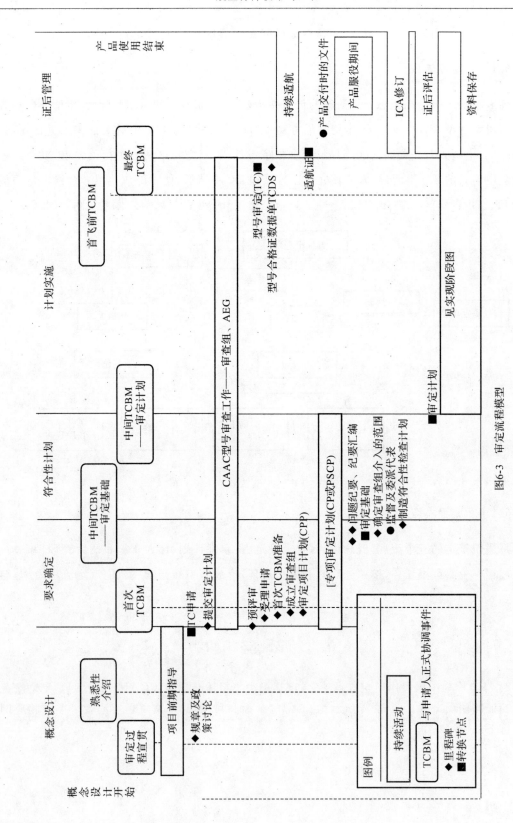

图6-3 审定流程模型

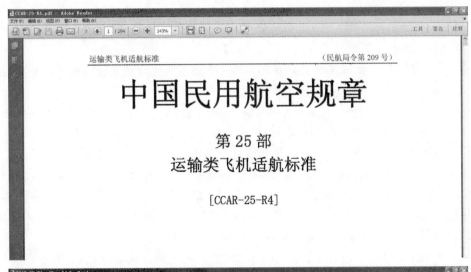

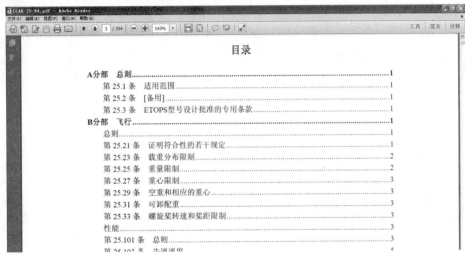

图 6-4　25 部适航标准封面和目录

现在对其中部分章节进行摘录,以供参考。

B 分部　飞行

总则

第 25.21 条　证明符合性的若干规定

(a)本分部的每项要求,在申请审定的载重状态范围内,对重量和重心的每种相应组合,均必须得到满足,证实时必须按下列规定:

(1)用申请合格审定的该型号飞机进行试验,或根据试验结果进行与试验同样准确的计算;

(2)如果由所检查的各种组合不能合理地推断其符合性,则应对重量与重心的每种预期的组合进行系统的检查。

(b)【〔备用〕】

(c)飞机的操纵性、稳定性、配平和失速特性,必须在直到预期最大使用高度的每一高度予以证实。

(d)【飞行试验中的关键参数,诸如重量、装载(重心和惯量)、空速、功率和风等,在飞行试验期间必须保持在相应关键值的可接受允差内。】

(e)如果依靠增稳系统或其它自动系统或动力作动系统才能满足飞行特性要求时,则必须表明符合 25.671 条和 25.672 条。

(f)在满足 25.105(d)条、25.125 条、25.233 条和 25.237 条的要求时,必须在离地面 10 米高度处测量风速,或按测量风速的高度和 10 米高度之差进行修正。

(g)本分部关于结冰条件的要求仅适用于进行结冰条件下飞行的合格审定申请人。

(1)除 25.121(a),25.123(c),25.143(b)(1)以及(b)(2),25.149,25.201(c)(2),25.207(c)以及(d),25.239 和 25.251(b)到(e)条款之外,在结冰条件下必须满足本分部的各项要求。必须按附录 C 定义的冰积聚条件表明符合性,并假设飞机及其防冰系统按照申请人制定的并在飞机飞行手册中给出的飞机使用限制和操作程序正常操作。

(2)在结冰或冰积聚条件下飞行时,第 25.23 条中规定的载荷分布限制、第 25.25 条规定的重量限制(受本分部性能要求限制的除外)、第 25.27 条规定的重心限制与非结冰条件下的限制相比不得改变。

第 25.23 条　载重分布限制

(a)必须制定飞机可以安全运行的重量和重心范围。如果某一重量与重心的组合仅允许落在某种载重分布限制(例如展向分布)内,而该限制又可能无意中被超过,则必须制定这些限制和相应的重量与重心组合。

(b)载重分布限制不得超过:

(1)选定的限制;

(2)证明结构符合要求所使用的限制;

(3)表明符合本分部每项适用的飞行要求的限制。

第 25.25 条　重量限制

(a)最大重量　必须制定对应于飞机运行状态(例如在机坪、地面或水面滑行、起飞、航路和着陆时)、环境条件(例如高度和温度)及载重状态(例如无油重量、重心位置和重量分布)的最大重量,使之不超过:

(1)申请人针对该特定条件选定的最重的重量;

(2)表明符合每项适用的结构载荷要求和飞行要求的最重的重量。装有助推火箭发动机的飞机除外,这类飞机的最大重量不得超过按本部附录 E 规定的最重的重量。

(3)表明符合中国民用航空局有关噪声审定的最重的重量。

(b)最小重量　必须制定最小重量(表明符合本部每项适用的要求的最轻重量),使之不低于:

(1)申请人针对该特定条件选定的最轻的重量;

(2)设计最小重量(表明符合本部每项结构载荷情况的最轻重量);

(3)表明符合每项适用的飞行要求的最轻的重量。

第 25.27 条　重心限制

必须按每种实际可区分的运行状态制定重心前限和重心后限。这些限制不得超过:

(a)申请人选定的极限;

（b）证明结构符合要求所使用的极限；

（c）表明符合每项适用的飞行要求的极限。

第 25.29 条　空重和相应的重心

（a）空重与相应的重心必须用飞机称重的方法确定。称重时飞机上装有：

（1）固定配重；

（2）按 25.959 条确定的不可用燃油；

（3）全部工作流体，包括：

（i）滑油；

（ii）液压油；

（iii）机上系统正常工作所需的其它流体，但饮用水、厕所预注水和发动机用的喷液除外。

（b）确定空重时的飞机状态必须是明确定义的并易于再现。

6.3　民机 CCAR25.1309 条款符合性
验证思路与方法分析

作为 CCAR25 部中最具有综合性和复杂性的条款之一，1309 条款涉及飞机所有系统和设备；其对飞机与系统安全性提出了纲领性的要求，对验证飞机安全性至关重要。下面通过对 CCAR25.1309 条款的解读，从民机全机层面综合考虑，分析民机研制过程中为表明对 1309 条款符合性的验证思路与方法。

6.3.1　CCAR25.1309 条款解读

6.3.1.1　CCAR25.1309 条款内容

中国民用航空局于 2011 年发布最新的 CCAR25 部 R4 版，其 25.1309 条款详细内容如下：

第 25.1309 条　设备、系统及安装

（a）凡航空器适航标准对其功能有要求的设备、系统及安装，其设计必须保证在各种可预期的运行条件下能完成预定功能。

（b）飞机系统与有关部件的设计，在单独考虑以及与其它系统一同考虑的情况下，必须符合下列规定：

（1）发生任何妨碍飞机继续安全飞行与着陆的失效情况的概率极小；

（2）发生任何降低飞机能力或机组处理不利运行条件能力的其它失效情况的概率很小。

（c）必须提供警告信息，向机组指出系统的不安全工作情况并能使机组采取适当的纠正动作。系统、控制器件和有关的监控与警告装置的设计必须尽量减少可能增加危险的机组失误。

（d）必须通过分析，必要时通过适当的地面、飞行或模拟器试验，来表明符合本条（b）的规定。这种分析必须考虑下列情况：

（1）可能的失效模式，包括外界原因造成的故障和损坏；

（2）多重失效和失效未被检测出的概率；

（3）在各个飞行阶段和各种运行条件下，对飞机和乘员造成的后果；

（4）对机组的警告信号，所需的纠正动作，以及对故障的检测能力。

(e)在表明电气系统和设备的设计与安装符合本条(a)和(b)的规定时,必须考虑临界的环境条件。民用航空规章规定具备的或要求使用的发电、配电和用电设备,在可预期的环境条件下能否连续安全使用,可由环境试验、设计分析或参考其它飞机已有的类似使用经验来表明,但适航当局认可的技术标准中含有环境试验程序的设备除外。

(f)必须按照 25.1709 条的要求对电气线路互联系统(EWIS)进行评估。

6.3.1.2　条款解读

(a)条款中的"可预期的运行条件"是指可能的所有飞机运行情况,包括飞机正常运行条件、应急构型条件、可能的正常和恶劣环境条件等。"预定功能"指在飞机系统功能定义时确定的系统功能。

(b)条款规定了失效状态的影响程度与其失效可能性(概率)之间关系的要求。AC25.1309 对失效概率的解读以及与影响程度的关系作了详尽描述。此外,CS25.1309 条款增加了"灾难性失效状态不能由单点失效导致"的要求。

(c)条款要求了与不安全系统运行条件相关的信息需提供给机组。"系统的不安全工作情况"是指可能导致或者与其它继发失效结合导致潜在危险/灾难性失效的不安全性条件。

(d)条款强调了针对(b)条款的符合性验证方法:安全性评估、地面试验、飞行试验和模拟器试验,也对安全性评估和试验所应考虑的失效模式、运行条件考虑等进行了要求和指导。

(e)条款进一步规定了电气系统和设备对(a)和(b)条款符合性的运行条件考虑和符合性方法考虑。

(f)条款将 1309 条款与 1709 条款进行连接,强调了对 EWIS 作为一个系统的失效影响与概率的反比关系要求。

6.3.2　CCAR25.1309 条款符合性验证思路与方法

通过对条款的解读,从民机研制顶层考虑,分析飞机对 25.1309 条款的符合性验证通用思路与方法。

6.3.2.1　1309(a)条款

为验证对 1309(a)的符合性,需要针对飞机/系统"预定功能"等的说明性文件(MOC1),如飞机/系统功能定义、描述类的文件;针对"可预期的运行条件"和完成"预定功能",应开展必要的试验(包括试验室试验(MOC4)、地面试验(MOC5)、飞行试验(MOC6)和模拟器试验(MOC8)和机上检查(MOC7),如自然结冰飞行试验等,并辅以相关系统设备的鉴定试验材料(MOC9)。

6.3.2.2　1309(b)条款

根据 AC25.1309 的建议,安全性评估(MOC3)是验证 1309(b)条款的基本必须方法,如FHA、PASA/PSSA、ASA/SSA 等,并辅以说明性文件;为确认和验证安全性评估中失效状态影响等级等的需要,1309(d)条款所指出的试验形式,对于部分系统的符合性验证工作也是必要的,如 IMA 失效模拟器试验等;综合复杂系统对 1309(b)条款的符合性验证过程中,应综合应用研制过程保证技术与安全性评估技术,如设备研制保证等级(IDAL)的分配和验证,并提供相应的设备鉴定材料。

6.3.2.3　1309(c)条款

针对 1309(c)条款,"系统的不安全工作情况"主要通过安全性评估来定义和确认,并通过需求传递落实在飞行手册等说明性文件中;对于"适当的纠正动作"等该条款内容的确认与验证工作,必须开展相应的试验和必要的机上检查,如告警试验等。

6.3.2.4　1309(d)条款

1309(d)条款是对(b)条款的进一步强调,所采用的思路和方法与(b)条款一致。

6.3.2.5　1309(e)条款

1309(e)条款是针对电气系统和设备对(a)和(b)条款的进一步要求,主要采用说明性文件(MOC1)、安全性评估,结合必要的试验、机上检查以及设备鉴定材料。

6.3.2.6　1309(f)条款

1309(f)条款引向 1709 条款,主要的符合性方法为安全性评估,并辅以说明性文件。针对 EWIS 安全性评估工作,需与接口系统的安全性评估工作结合开展。

另外,对于如相似性分析(MOC2)等的方法,在机型和运行条件、环境条件等相近情况可参考使用;符合性方法也在创新,在与局方达成一致的前提下,也可应用其它等效方法。

习　　题

1.国际上存在的比较完善的民用飞机适航体系标准是什么?

2.新研制机型在整个生命周期中,要经历哪几个阶段?

参 考 文 献

[1] 王宏济,徐绪森,甘茂治,等.装备维修工程学[M].北京:国防工业出版社,1994.

[2] 宋太亮.装备保障性工程[M].北京:国防工业出版社,2002.

[3] 宋太亮.装备综合保障实施指南[M].北京:国防工业出版社,2004.

[4] 陆廷孝.可靠性设计与分析[M].北京:国防工业出版社,1995.

[5] 何国伟,许海宝.可靠性试验技术[M].北京:国防工业出版社,1995.

[6] 宋太亮.装备保障性系统工程[M].北京:国防工业出版社,2008.

[7] 马绍民.综合保障工程[M].北京:国防工业出版社,1995.

[8] 杨为民.可靠性·维修性·保障性总论[M].北京:国防工业出版社,1995.

[9] 孔繁柯.军用车辆运用工程[M].北京:国防工业出版社,1993.

[10] 曾天翔.可靠性及维修性工程手册[M].北京:国防工业出版社,1995.

[11] 甘茂治.维修性设计与验证[M].北京:国防工业出版社,1995.

[12] 安采利奥维奇.飞机可靠性、安全性和生存性[M].唐必铭,盛永才,韩翠英,译.北京:宇航出版社,1993.

[13] 赵少奎,杨水太.工程系统工程导论[M].北京:国防工业出版社,2000.

[14] 《可靠性维修性保障性术语集》编写组.可靠性维修性保障性术语集[M].北京:国防工业出版社,2002.

[15] 防务系统管理学院.系统工程管理指南[M].王若松,等译.北京:宇航出版社,1992.

[16] 贺国芳.可靠性数据的收集与分析[M].北京:国防工业出版社,1995.

[17] 甘茂治,徐绪森,傅光甫,等.维修性工程[M].北京:国防工业出版社,1991.

[18] 单志伟.装备综合保障工程[M].北京:国防工业出版社,2007.

[19] 童时中,童和欣.维修性及其设计技术[M].北京:中国标准出版社,2005.

[20] 何国伟.可信性概述[M].北京:北京工业大学出版社,1997.

[21] 李军.装备互用性研究[D].北京:装甲兵工程学院,2007.

[22] 陈学楚.装备系统工程[M].2版.北京:国防工业出版社,2005.

[23] 宋太亮.装备保障性工程研究[D].北京:北京航空航天大学,2003.